de la canne
au rhum

L. Fahrasmane
B. Ganou-Parfait

INSTITUT NATIONAL DE LA RECHERCHE AGRONOMIQUE
147, rue de l'Université, 75338 Paris Cedex 07

TECHNIQUES ET PRATIQUES

Ouvrages parus dans la même collection :

© INRA, Paris, 1997   ISBN 978-2-7380-0728-5   ISSN : 1150-3912

Sommaire

Introduction

Dès l'établissement de la production sucrière aux Amériques, vers le milieu du XVIe siècle, la fabrication du rhum apparaît comme l'utilisation normale des sous-produits de la sucrerie que sont les écumes de défécation et les mélasses provenant de l'égouttage des sucres bruts. La maîtrise de la distillation, en tant que moyen de production d'eaux-de-vie au XVIIe siècle, est un facteur clé qui permet alors l'apparition de la fabrication rhumière, peu de temps après les eaux-de-vie des Charentes. La production de rhum "agricole", élaboré à partir de jus de canne, se structure au XIXe siècle suite à la mévente des sucres coloniaux, liée à l'abolition du pacte colonial par la loi du 3 juillet 1861.

Un ecclésiastique Français, le Père du TERTRE qui fit plusieurs séjours aux Antilles françaises entre 1640 et 1657, est l'un des premiers auteurs qui ait écrit sur le taña, l'eau-de-vie de canne. R. LIGON qui séjourna à la Barbade vers 1650 signale aussi la fabrication d'une boisson fermentée à base de sucre de canne appelée "Punch". Un peu plus tard, le père LABAT, un dominicain qui arriva aux Antilles en 1694 et y vécut 11 ans, décrit longuement la fabrication de la guildive ou rhum dans son *Nouveau voyage aux îles de l'Amérique* (1722).

Du XVIIe siècle à nos jours, la technologie rhumière a connu des évolutions sensibles. Le développement des techniques séparatives (génie chimique) et la recherche de productivité furent déterminants dans le remplacement des alambics par des colonnes à plateaux, vers le début du XIXe siècle. L'essor de la microbiologie et la vague hygiéniste qui firent suite aux travaux de PASTEUR (1822-1895) en France et à ceux de KOCH (1843-1910) en Allemagne, concernèrent aussi la fabrication rhumière. En effet, vers la fin du XIXe siècle, les fermentations pures et rapides connurent un certain essor.

Dans les premières décennies du XXe siècle, l'application au rhum des méthodes de fermentation pure, préconisées surtout par PAIRAULT dans son ouvrage *Le rhum et sa fabrication* (1903), n'a pas toujours donné des résultats satisfaisants. Si le rendement en alcool a été sensiblement amélioré, la qualité des produits ne correspondait plus au concept organoleptique du rhum accepté par la majorité des consommateurs européens. Des "sauces spéciales" ou des mélanges avec des rhums "grand arôme" sont autant d'opérations qui étaient nécessaires pour rectifier le goût. Vers 1930, il en résulta un retour à des méthodes traditionnelles de fermentation.

Les progrès techniques et scientifiques actuels permettent de mieux apprécier l'importance de certains éléments de la fabrication rhumière (la bactériologie, l'analyse sensorielle, le génie des fermentations, le génie chimique...). L'étude et la maîtrise de la flore bactérienne des milieux de fermentation rhumière devraient permettre "d'asservir" à une production performante l'aléa que constituent les bactéries de l'artisanat rhumier (A. E. BAULT, 1984).

La normalisation européenne des produits agro-alimentaires, applicable dans les régions d'outre-mer, et la protection des consommateurs ont stimulé l'adoption d'une politique de qualité (AOC, label...) par les producteurs de rhum des Antilles françaises.

Cet ouvrage se propose donc de faire un point d'histoire de la technologie rhumière et la synthèse de données microbiologiques récentes et d'opportunités techniques.

Remerciements

Nous tenons à remercier le CRITT BAC de la Guadeloupe pour sa contribution à la première saisie du texte de cet ouvrage.

PREMIÈRE PARTIE

Généralités

La canne à sucre est une plante d'importance majeure dans l'histoire des groupes humains. Bernardin de SAINT-PIERRE (1773) écrivait à propos du café et de la canne à sucre : *"... On a dépeuplé l'Amérique afin d'avoir une terre pour les planter ; on a dépeuplé l'Afrique afin d'avoir une nation pour les cultiver."*

Après avoir été une plante vivrière en Océanie, la canne devint la plante sucrière majeure de la planète, modifiant les habitudes de consommation. Elle est aussi à l'origine de certains mouvements politiques, voire de bouleversement des peuples. Actuellement, avant le blé et le riz, la canne à sucre est la production agricole majeure de la planète : 1,040 milliard de tonnes en ont été produites en 1993 (*Annuaire FAO*), sur environ 17,3 millions d'hectares, avec un rendement moyen de 60 tonnes à l'hectare.

CHAPITRE I

Brève histoire de la canne

De la canne à la canne à sucre

L'évolution naturelle des cannes au cours de longs siècles de culture, dans les jardins vivriers des hommes primitifs, puis des hybridations intensives, dès la fin du XIXe siècle, a abouti au magnifique spécimen agricole qu'est la canne à sucre. En effet, la canne est unique en ce qu'aucun autre organisme vivant, à travers l'évolution naturelle (hybridation et mutation spontanées) et les interventions humaines (hybridations à partir du XXe siècle), n'a autant perfectionné ses aptitudes à synthétiser et à stocker du sucre en quantité aussi importante.

La culture de la canne est d'abord une culture vivrière, à très petite échelle, dont le produit se consomme par succion et mâchonnement de morceaux de tige, afin d'en extraire directement dans la bouche le jus sucré. De nos jours, on trouve encore sur les marchés ruraux et urbains de l'Inde, de la Thaïlande ou de la Birmanie, des morceaux de tige destinés à cette forme de consommation première. Cette forme de consommation de cannes, choisies pour leur tendreté en bouche, réapparaît aux Antilles françaises. Au-delà de l'échelle vivrière océanienne, c'est une spéculation agricole qui a acquis au cours de sa phase méditerranéenne un caractère industriel et commercial, nécessitant des disponibilités importantes de capitaux, tant pour le foncier, l'équipement (broyeur, cuiseur...) que des fonds de roulement pour l'entretien des cultures et du matériel. S'y ajoute une main-d'œuvre abondante, peu ou pas rémunérée...

La canne à sucre en Orient

La canne à sucre noble (*Saccharum officinarum*) est généralement admise comme étant originaire de l'Insulinde (ALEXANDER, 1973), à l'est de la ligne de Wallace (fig. 1), où sa culture aurait été mise au point entre le XVe

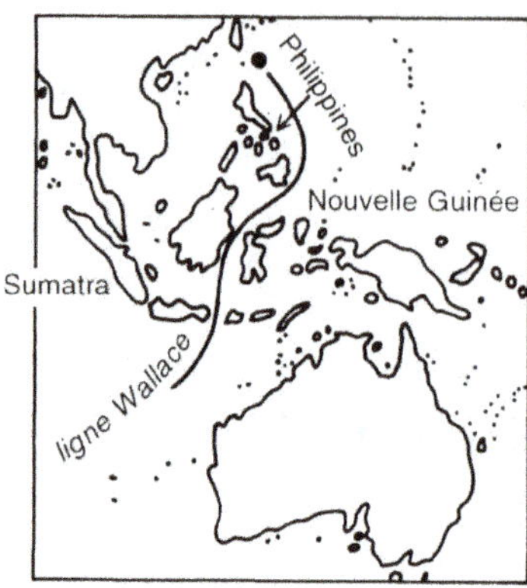

Figure 1. – Origine de la canne noble, *Saccharum officinarum,* en Nouvelle-Guinée, à l'est de la ligne de Wallace.

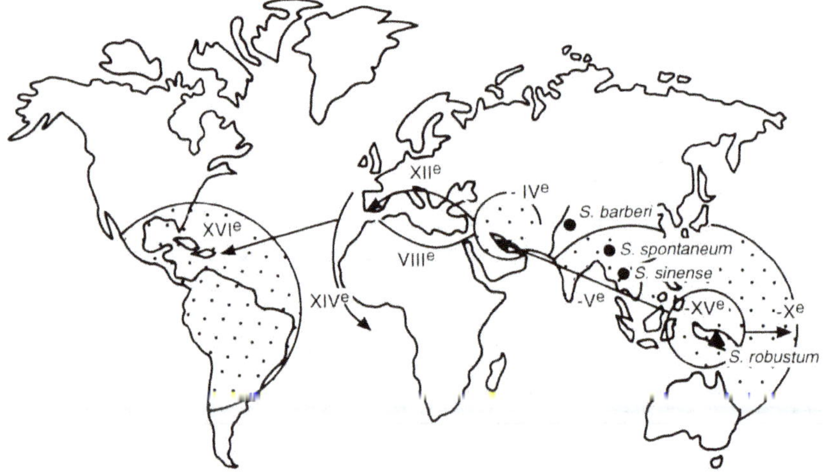

Figure 2. – Diffusion de la canne noble, *Saccharum officinarum,* à partir de la Nouvelle-Guinée (▲), et centres d'origine des cannes primitives (●) (d'après ALEXANDER, 1973). Les chiffres romains correspondent au siècle d'arrivée de la canne à sucre.

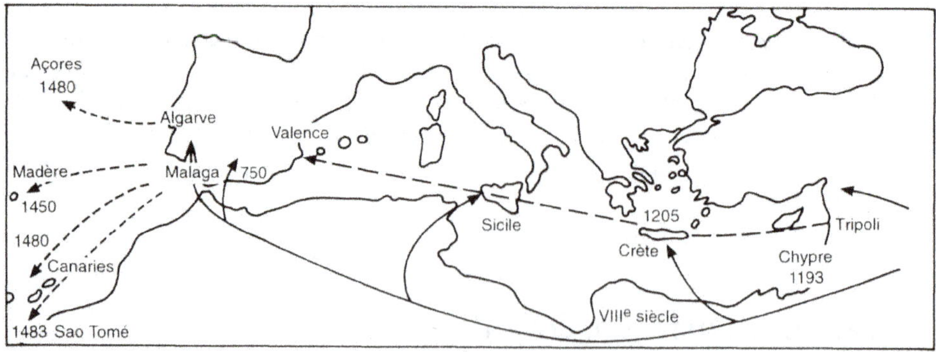

Figure 3. – Diffusion de la canne à sucre et de la production sucrière dans le Bassin méditerranéen. — filière arabe, vers le VIIIe siècle ; – – – filière chrétienne, vers le XIIe siècle ; --- filière hispano-portugaise au XVe siècle (d'après les données de Meyer, 1989).

et le Xᵉ siècle avant notre ère, dans des jardins vivriers des hommes primitifs. De là, elle aurait diffusé dans l'Océanie entre le Xᵉ et le Vᵉ siècle avant notre ère. Vers l'ouest, Java et Sumatra auraient été atteintes entre le XVᵉ et le Xᵉ siècle avant notre ère, la Chine du Sud et les Indes vers le Vᵉ siècle avant notre ère ; sa progression semble avoir été bloquée sur la frontière de l'Indus pendant tout le reste de l'Antiquité. Des espèces primitives (*Saccharum spontaneum* et *Saccharum barberi*) seraient originaires des pentes de l'Himalaya en Inde, tandis que *Saccharum sinense* proviendrait de la Chine du Sud. *Saccharum robustum* est une des espèces primitives océaniennes dont des caractères ont contribué à l'apparition des cannes dites "nobles" (fig. 2).

L'Ancien Testament cite le doux roseau importé d'un pays lointain, dans le livre du prophète Jérémie qui date des environs de l'an – 600. Un traité chinois d'agriculture "Chi-Min Ya Su", écrit par SHIA SZE-SHIH (533-544) présente brièvement les variétés de canne cultivées et des méthodes de production. Ces dernières étaient connues avant la dynastie des CHIN et HAN (– 225 à 200 de notre ère).

L'Occident eut connaissance de l'existence de la canne à sucre, en Orient, en – 326, par le compagnon d'ALEXANDRE le GRAND, NEARCHOS, qui explora la mer des Indes par la vallée de l'Indus.

De l'Orient vers l'Occident

Ce fut probablement un clone originaire de l'Inde correspondant au type décrit par LINNÉ, en 1753, sous le nom de *Saccharum officinarum*, du fait de la longue vocation officinale du sucre, qui assura les débuts de la production sucrière en Occident. PURSEGLOVE (1972) écrit *"Il semble probable qu'un seul cultivar ait été impliqué dans le mouvement de la canne à sucre vers l'Ouest à partir de l'Inde"* ; ce fut ce cultivar qui fut transporté au Nouveau-Monde. Il y fut connu sous les noms de *"Créole"* ou de *"Canna Criolla"* et pendant plus de 250 ans, il fut le seul cultivar de canne à sucre à y être cultivé... Il a été établi que ce cultivar "Créole" était semblable au *"Puri"* en Inde, au *"Geel Egypt Reit"* ou *"Canne Jaune d'Égypte"* et à *"Algarobena"* d'Espagne.

Le système de production sucrière à base de canne se répandit le long des deux rives de la Méditerranée en prenant un caractère nettement insulaire avec des grandes et des petites îles : Chypre, Sicile, Crète, Rhodes... comme fournisseurs majeurs. S'ajoutaient aux îles les plaines littorales de Malaga, de Valence en Espagne, de l'Algarve au sud du Portugal. Deux filières, d'est en ouest, permirent la diffusion du système de production sucrière à base de canne (fig. 3).

C'est à l'occasion de la bataille arabico-persique de Al Qadisiyya, près de Bagdad, en 637 après Jésus-Christ, que les Arabes ont découvert la culture de la canne et la technique de production du sucre, gardée secrète pendant près de mille ans par les Perses. La plantation sucrière, dans la plaine de

Mésopotamie semble avoir été faite au moyen d'esclaves noirs importés des côtes de l'Afrique Orientale. **La filière arabe** fut la première qui diffusa le système de production sucrière en Syrie (VIIIᵉ siècle), après l'Afrique du Nord (Tunisie) jusqu'aux plaines de l'Andalousie et de Valence. Les Arabes perfectionnèrent la décantation du sirop et réussirent à obtenir un produit brun foncé et gluant : le *"kurat al mil"* (boule de sel doux), terme qui nous est resté sous le nom de caramel.

La filière chrétienne, liée aux croisades, fut chronologiquement le deuxième canal de diffusion du système de production sucrière. Les Croisés ont rencontré des plantations de canne en Palestine ; la culture de la canne s'est répandue dans les royaumes chrétiens croisés et là où il y avait entente avec les Arabes, dont le royaume des Lusignan de Chypre fondé en 1193 et la Crète vénitienne (1205). Puis la filière chrétienne rejoint les plantations siciliennes et espagnoles de Valence et de Malaga. Les premières raffineries sont installées à Venise au XIIIᵉ siècle (TREILLON et GUERIN, 1986). En France la nouvelle épice est vendue à des prix élevés par les apothicaires.

De l'est vers l'ouest de l'Atlantique

La prise de Constantinople par les Turcs en 1453 et la fermeture de la mer Noire aux marins et aux marchands chrétiens vont entraîner une réorientation vers l'ouest des flux économiques aux mains des Génois, Florentins et des noblesses espagnole et castillane qui contrôlaient alors le marché sucrier. La plantation sucrière offre à ces trois composantes financières un terrain de solidarité d'intérêt : plantations existantes et plantations à créer.

Il n'y a pas de différences sensibles entre le groupe de grands planteurs méditerranéen médiéval et celui qui va dominer, dans un premier temps, les premiers pas de la plantation sucrière en Amérique.

En 1492 l'expulsion des Maures d'Espagne se traduisit par le recul des anciennes cultures d'origine arabe et avec elles la canne à sucre. Du côté musulman la canne à sucre se maintient infiniment mieux. De la fin du XVᵉ siècle et au début du XVIᵉ siècle, le Maroc devient un fournisseur de sucre pour le monde Méditerranéen.

La migration vers l'ouest se fera dans un premier temps vers les îles de la Méditerranée atlantique et du golfe de Guinée : à Madère vers 1450, aux Açores et aux Canaries vers 1480 et dans l'île de Sao-Tomé vers 1483 (MEYER, 1989). Au cours de cette migration, la production sucrière va devenir une monoculture destructrice du paysage naturel et de la population indigène, car la plantation sucrière a besoin d'eau, de bois et surtout d'hommes...

On retrouve là aussi le problème de l'esclavage, autre moteur de la réorientation vers l'ouest. J. MEYER (1989) écrit dans *Histoire du sucre*, à propos de la force de travail : *"La main-d'œuvre des îles méditerranéennes est composée en partie de main-d'œuvre locale sous la forme de paysans serfs*

travaillant dans le cadre du régime seigneurial... Quant aux esclaves, ils appartiennent au paysage quotidien des plaines et des villes de toute la Méditerranée. Mais ces esclaves sont rarement des Noirs et, longtemps, leur provenance majeure se trouve être les espaces de l'immensité russe... Ce n'est guère que dans le Sud du Portugal, dans l'Algarve que la plantation sucrière est fondée sur l'esclavage noir d'origine africaine, mais ceci à partir du XVᵉ siècle".
Les grands centres esclavagistes sont les colonies génoises et vénitiennes (la Crète) plus que toute autre région, les Baléares où vers 1330 un tiers de la population majorquine est formée d'esclaves, proportion amenée à reculer dans les années ultérieures. La fermeture, en 1453, des détroits devenus turcs a entraîné une très forte diminution des importations d'esclaves d'origine slave, vers les pays de la chrétienté occidentale. Les esclavagistes se tournent vers de nouvelles régions susceptibles de "fournir" des esclaves : ce fut l'Afrique. La principale région "importatrice" des années 1470-1530 fut, en Espagne, la plaine de Valence.

La conséquence humaine de l'évolution de la culture de la canne en grande plantation sucrière, au Brésil, est le véritable lancement du grand commerce négrier moderne, vers 1570, qui fit suite à l'échec de la tentative des colons à asservir les indigènes Amérindiens.

L'ère post-Colombienne de la canne à sucre et de la sucrerie

Les îles de la Méditerranée atlantique et du golfe de Guinée sont historiquement les relais transmetteurs de la culture de la canne à sucre comme des techniques de production sucrière. Christophe COLOMB transporte le premier la canne à sucre aux Antilles, à Saint-Domingue, lors de son deuxième voyage en 1493. Il épouse d'ailleurs l'une des filles d'une grande famille noble qui dominait l'île sucrière de Madère : les PERESTRELLO qu'il rencontre lors d'un voyage, à Madère, pour y acheter du sucre.

Diffusion des variétés de canne à sucre pionnier

La canne à sucre fut réintroduite à Santo-Domingo en 1506 et la production sucrière y débuta en 1509. Puis ce fut la diffusion dans le monde des Amériques : Porto-Rico en 1515, le Mexique en 1520, le Brésil vers 1520.

L'expédition du sucre commença en 1526 de Pernambouc au Brésil vers Lisbonne, en 1553 à partir du Pérou, en 1645 de la Guadeloupe et en 1650 de la Martinique.

Le cultivar de type indien ou canne créole aurait atteint l'Indonésie au XVIᵉ siècle. Dans ce pays existaient déjà d'autres cultivars locaux.

Dans les îles de l'océan Indien (Maurice, la Réunion), la canne à sucre a été introduite vers 1650.

Un cultivar originaire de Tahiti, différent de la canne Créole, qui reçut le nom de Bourbon, connut du succès. L'histoire de l'expansion de la canne Bourbon commence en avril 1768 lorsqu'une expédition scientifique autour du monde commanditée par la France, sous le commandement du capitaine BOUGAINVILLE, débarque à l'île de Tahiti et en prend possession sous le nom de la Nouvelle-Cythère. Les observations faites sur la végétation indiquent que la canne y pousse spontanément. Cependant, certains ont avancé l'hypothèse que le clone primitif de la canne trouvée à Tahiti aurait été introduit des îles Marquises.

Sur le chemin du retour, le 8 novembre 1768, BOUGAINVILLE débarque à Port-Louis, capitale de l'île Maurice et c'est à cette occasion que fut très probablement introduite, dans cette île, la canne à sucre de Tahiti, aussi appelée par les indigènes "Otahiti". Elle est distribuée de là sous le nom de canne Bourbon, en se référant à la dynastie régnante en France et aussi à l'île de la Réunion, qui à l'époque s'appelle Bourbon. L'agronome CHARPENTIER DE COSIGNY, natif de l'île Maurice, assure la distribution de boutures de la canne Bourbon dans les îles des Indes occidentales françaises : Guadeloupe et Martinique, entre 1782 et 1789. Par la suite, la canne Bourbon est propagée, dans les colonies anglaises voisines telles que Montserrat et Antigue. Un chargement de boutures est envoyé directement de l'île Maurice à la Guyane. L'expédition du capitaine COOK qui le mena le 13 avril 1769 dans la baie de Matavi, sur le rivage nord de l'île de Tahiti, est aussi à l'origine de la diffusion de la canne Tahiti dans les colonies anglaises, d'où son appellation d'Otaheite dans les pays de langue anglaise.

En Louisiane, les premières boutures d'Otaheite sont introduites en 1790 pour remplacer la Créole qui avait été la première canne cultivée par les Jésuites depuis 1751. La première introduction au Brésil de la Tahiti se fait par Cayenne à l'occasion de l'installation du premier jardin botanique du Brésil à Bélem en 1796. Dans l'archipel d'Hawaii, elle est introduite pour la première fois en 1843. De 1820 à 1850, la canne Bourbon est la principale variété cultivée dans le monde. A la fin de cette période, elle est remplacée par des variétés hybrides, plus résistantes aux maladies et plus productrices.

Développement de la plantation sucrière

Aux Amériques, la grande plantation sucrière esclavagiste se développe d'abord au Brésil. Les Portugais s'y étaient progressivement installés au XVIe siècle. Dès le milieu du XVIe siècle, la production sucrière était suffisante pour constituer la cargaison annuelle de 50 à 60 navires. En 1621, la compagnie hollandaise WIC (West Indische Companie) attaque le Brésil dans le but de créer une colonie sucrière. Elle réussit à s'implanter en 1630 sur les côtes nord. Une communauté Israélite s'y installe en deux vagues d'immigration et s'avère très rapidement efficace. Beaucoup de ces Juifs deviennent propriétaires de plantations sucrières, ou engagés dans le commerce du sucre ; ils pouvaient compter sur la communauté marrane établie à Amsterdam. Ils développèrent alors la culture de la canne et la production sucrière. Les Portugais, chassés, s'en allèrent ouvrirent un nouvel espace sucrier au sud.

Confronté à de l'antisémitisme, les Juifs s'en iront du Brésil à partir de 1650 ; une partie d'entre eux s'installent dans les petites Antilles, tant dans les colonies hollandaises, anglaises ou françaises.

En 1654, au moment de la perte définitive du Brésil par les Hollandais de la WIC, quelques centaines de Juifs marranes et des Hollandais accompagnés de leurs esclaves et de leurs capitaux s'installèrent dans les deux îles de la Martinique et de la Guadeloupe. Avec l'arrivée de ces immigrants Hollandais chassés du Brésil, la production sucrière des petites Antilles va connaître sa phase la plus spectaculaire, la plus dynamique, mais aussi la plus chargée de larmes et de morts.

Le sucre et la lexicologie du mot "sucre"

Le sucre, d'après la tradition indienne, était connu depuis la plus haute Antiquité. En Chine, en – 100, YAN FU de Canton mentionne le "miel" fabriqué à partir de canne à sucre. Le sucre obtenu à partir du riz, le maltose, est cependant connu en Chine avant même le sucre de canne, vers l'an 1000 avant Jésus-Christ. Marco POLO fit souvent référence aux produits sucrés et à toute l'attention dont ceux-ci étaient l'objet, lors de son voyage en Chine (1270-1275).

Le mot "sucre" est un nom générique qui pendant longtemps ne correspondait à aucun produit pur. Le sucre était une denrée rare liée à une consommation indirecte à faibles doses, par l'intermédiaire des fruits et du miel. Ce n'est qu'avec la canne à sucre qu'apparaît une matière première susceptible de fournir des quantités de sucre d'abord importantes, ensuite massives.

L'origine proto-sémitique du mot sucre est fort probable, d'autant que le palmier dattier, autre plante sucrière, originaire de la Mésopotamie où elle caractérise les débuts même de la civilisation, aux quatrième et troisième millénaires avant notre ère, progressera vers l'est et franchira l'Indus entre le XXVe et le XXe siècles avant notre ère.

D'après certains auteurs, le mot sucre qui est tardif dans la langue française (XIIe siècle), aurait une origine arabe (sarkara) tout comme les premiers cultivars de canne connus en Occident. D'autres auteurs font remonter l'origine du mot sucre, à l'époque assyro-babylonienne deux millénaires avant notre ère, où l'on trouve le terme "Shikaru" signifiant vin de dattes qui donne "Shekar", un terme générique incluant vin de palme et autres boissons sucrées. Des survivances de Shekar sont :

– en suivant l'itinéraire Arabe et les conquêtes Sarrasines :
  . *Sakar* en arabe,
  . *Shukkur* en persique et bengali qui donne
    Shukkurkund, signifiant sucre candi,

. *Zhaggeri* ou *Jagree* en indien,
. *Sekkour* en mauresque,
. *Azucar* en espagnol,
. *Assucar* en portugais qui donnera "mel de assucar" pour mélasse ;
- en suivant l'influence helléniste et le développement dans des langues teutonnes :
. *Shakar* en grec,
. *Zucchero* en italien,
. *Zuker* en allemand,
. *Suiker* en hollandais,
. *Sachar* en russe,
. *Sukker* en danois,
. *Socker* en suédois,
. *Siwgwr* en gallois,
. *Sugar* en anglais.

La canne noble

L'exploration de la Polynésie permet de révéler l'existence d'une grande diversité de clones vivriers de canne de bouche comparables à ceux de l'Indonésie. Il apparaît donc que, de part et d'autre de la Nouvelle-Guinée et dans cette grande île, des cannes de bouche étaient cultivées distinctes de celles utilisées aux débuts de la production sucrière en Occident et aux Amériques.

Le vocable "canne noble", qui a des significations variables selon l'auteur qui l'emploie, peut être défini comme désignant un hybride naturel dont les caractéristiques physico-chimiques en font une canne à sucre, matière première de sucrerie. Ces cannes nobles seraient issues des jardins vivriers de la Nouvelle-Guinée où, du fait de l'intérêt alimentaire qu'elles présentaient, les autochtones les maintenaient et les propageaient (un mètre de canne mâchée apporte au consommateur 600 à 1 200 calories, suivant sa maturité). Avec le temps, elles perdaient l'aptitude à se maintenir dans la flore non cultivée. Ces cannes, plutôt bonnes en bouche, se multipliaient, croissaient facilement à partir de boutures et supportaient bien les migrations, d'après ALEXANDER (1973).

D'une autre manière, on peut dire simplement que les souches de "canne noble" d'origine furent le fruit d'une combinaison d'événements naturels (croisements et mutations spontanés), au cours des âges, et de l'insatiable goût de l'homme primitif pour la saveur sucrée qui l'a conduit à cultiver et à maintenir des cannes plutôt sucrées que farineuses, à tige peu fine et peu fibreuse... Elles sont actuellement classées dans l'espèce *Saccharum officinarum* et constituent la base à partir de laquelle sont créées les variétés hybrides cultivées de nos jours. La *Saccharum officinarum* d'origine est porteuse de nombreuses caractéristiques recherchées incluant la douceur, un certain taux de fibre, des tiges résistantes mécaniquement et vigoureuses. La canne Bourbon, canne noble, a été utilisée comme géniteur femelle dans les programmes d'amélioration en Inde, à Cuba, aux îles Hawaii, au Brésil...

Le genre *Saccharum* qui regroupe donc les cannes commerciales que nous connaissons aujourd'hui appartient à la famille des graminées, tribu des Andropogonaceae, sous-tribu des Poaceae. C'est dans cette famille que l'on trouve les plantes herbacées. Dans la sous-tribu des Poaceae, il y a plusieurs genres alliés à la canne : *Erianthus, Narenga, Imperata, Sclerostachya, Miscanthus, Eccoilopus, Eriochrysis* et *Spodiopogon* (tabl. 1). Suivant les conditions, la plupart des espèces des genres alliés donnent par croisement, avec des espèces du genre *Saccharum*, des produits fertiles. Or les croisements interspécifiques sont rares parmi les plantes cultivées et les croisements intergenres quasiment ignorés ; ils sont démontrés entre le genre *Saccharum* et six genres alliés. Quatre genres ont été examinés par MUKHERJEE (1957) : *Saccharum, Erianthus, Sclerostachia* et *Narenga :* le plus répandu, *Erianthus,* se retrouve en Amérique et est le seul genre endémique de ce continent. Serait-ce des membres de cette tribu qui auraient fait dire à certains que la canne à sucre existait aux Antilles françaises avant l'arrivée de COLOMB ?..

La réponse aux exigences particulières de l'industrie sucrière moderne amène à faire des hybridations de *Saccharum officinarum* avec d'autres espèces. Les hybrides obtenus sont généralement plus résistants aux pathogènes, plus adaptés aux variations de climat. Le premier hybride artificiel a été obtenu par FAIRCHILD en 1708 (ALEXANDER, 1973).

Tableau 1. – Valeurs moyennes de la composition en sucre et en fibres de membres du complexe "*Saccharum*".
(d'après BULL et GLASZIOU, 1963).

Genres et espèces	Nbre de clone	Contenu (% poids frais ± écart-type)		
		Saccharose	Sucres réducteurs	Fibres
Erianthus				
E. maximus	3	2,24 ± 0,44	0,73 ± 0,23	26,4 ± 0,9
E. arundinaceus	2	0,62 ± 0,16	0,16 ± 0,17	30,3 ± 0,3
Miscanthus				
M. floridulus	5	3,03 ± 0,56	0,79 ± 0,24	51,0 ± 2,0
Saccharum				
S. spontaneum	10	3,96 ± 0,46	0,44 ± 0,20	33,9 ± 2,1
S. spontaneum (Fiji)	30	5,35 ± 0,38	1,66 ± 0,06	31,8 ± 0,9
S. robustum	10	7,73 ± 0,83	0,27 ± 0,02	24,8 ± 1,6
S. sinense	2	13,45 ± 0,02	0,38 ± 0,08	12,8 ± 2,0
S. officinarum	25	17,47 ± 0,35	0,32 ± 0,2	9,8 ± 0,4

Les hybrides

La redécouverte de la fertilité de la canne, dans la décade 1880, est à l'origine d'initiatives scientifiques d'hybridation de canne avec SLOTWEDEL à Java (1888) et HARRISSON et BOVELL à La Barbade (1889) à travers des croisements intraspécifiques et interspécifiques. En 1921, JESWIET obtient un clone hybride, la POJ 2878, de loin supérieur aux cannes nobles, surnommée "la merveilleuse".

Le succès de l'hybridation à Java, La Barbade et Demarara en Guyana fut à l'origine de la prolifération de stations d'hybridation à travers le monde. Les clones produits par ces stations portent un préfixe lié à la localisation, suivi d'un numéro. Les préfixes de quelques stations sont :

B	La Barbade		M	Mayaguez, Porto-Rico
Co	Coimbatore, Inde		N	Natal, Afrique du Sud
CB	Campos, Brésil		POJ	Poefstation, Oost Java
CP	Canal Point, Floride		PR	Porto-Rico
D	Demarara, Guyana		F	Formose
H	Hawaii		L	Louisiane

Les variétés modernes sont issues presque exclusivement d'hybridations, elles parviennent 8 à 12 ans après hybridation, au stade commercial. Un élément clef dans les croisements interspécifiques de la canne, tel que le croisement de *S. officinarum* avec les espèces primitives (*S. spontaneum* source de résistance aux pathogènes, ou *S. robustum* source de vigueur), fut le processus d'ennoblissement. Le parent femelle (*S. officinarum*) contribue par son matériel somatique, alors que le parent mâle contribue par des caractères chromosomiques tels que la vigueur et la résistance aux pathogènes. Le produit de ces croisements est polyploïde et donne des rendements élevés et un important potentiel de qualités sucrières.

Les critères de sélection incluent des caractères agronomiques, le taux de sucre, de fibre, la facilité de récolte, la résistance aux maladies, des caractéristiques spécifiques de localité. Elles ont un génome complexe qui comporte plus d'une centaine de chromosomes, dont une minorité (< 20) provenant des espèces sauvages qui apportent vigueur et résistance. La complexité du génome a rendu la sélection classique très difficile et l'analyse génétique des caractères quasiment impossible. Des techniques récentes, telles que le marquage moléculaire et l'hybridation *in situ* permettent de mieux comprendre et de contrôler le fonctionnement de la plante et de suivre les transferts de gènes, essentiels pour l'amélioration de la canne à sucre. Une telle stratégie est actuellement développée au CIRAD (LANAUD et NOUAILLE, 1995).

La canne à sucre, source de boissons

La fabrication de boissons fermentées était déjà très répandue 2000 ans avant notre ère en Extrême-Orient. On retrouve les noms Sanscrits de deux liqueurs alcooliques provenant de la canne à sucre : le *sidhu* produit à partir de jus de canne et le *gandi* préparé à partir de mélasse.

Quand les Hollandais colonisèrent Batavia, sur l'île de Java, en 1619 ils trouvèrent que les Chinois y fabriquaient l'*arak* de Batavia, obtenu en faisant fermenter de la mélasse avec du levain de riz (ragi) et en distillant le moût, de façon à avoir une eau-de-vie à environ 50 % (vol.) d'alcool.

Les indigènes des Philippines préparaient à partir de la canne le *basi* et le *tuba ;* ceux de Madagascar fabriquaient la *betsabetsa,* qui fut à une certaine époque (1883 - 1890) l'objet d'une exportation assez importante pour l'époque (1 000 à 2 000 hl par an). Le *musanga* est aussi un vin de canne fabriqué dans le Haut-Congo. Le *cheranuco* du Mexique est de la mélasse de canne fermentée, à laquelle est ajouté du jus de pomme, de prune ou de pruneau.

Les Européens qui s'établirent aux Antilles et dans les îles de l'océan Indien utilisèrent beaucoup de jus de canne fermenté : le *flangourin* fut pendant longtemps la principale boisson des Créoles de l'île de la Réunion. Aux Antilles françaises, rapporte le père LABAT, *"Les nègres des sucreries font une boisson qu'ils appellent de la* grappe *; c'est du vesou ou du jus de canne, qu'ils prennent dans la chaudière où il a été passé par le drap, ou du moins bien écumé ; ils y mettent le jus de deux ou trois citrons et le boivent tout chaud... J'ai bu assez souvent de cette grappe, et je m'en suis toujours bien trouvé".* La préférence des indigènes allait à des boissons fermentées d'origine Caraïbe : l'*ouïcou* préparée à partir de manioc et le *maby* préparé à base de patate douce.

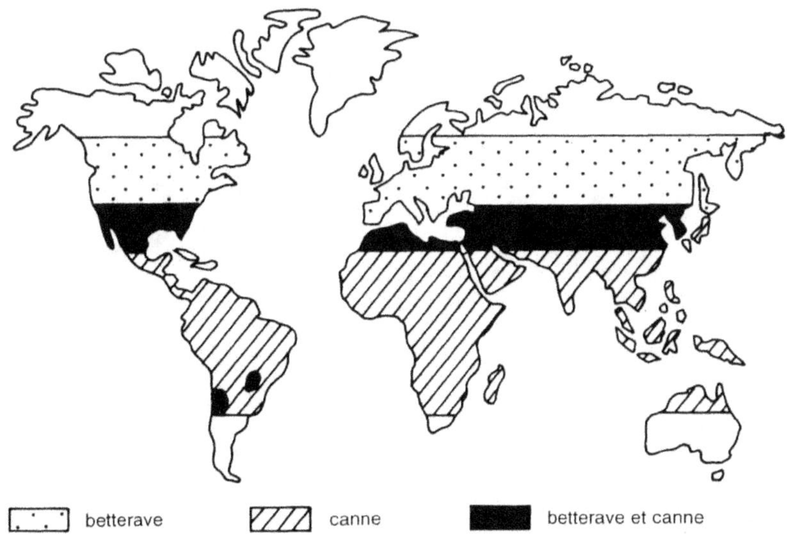

Figure 4. – Aires de production de la betterave et de la canne à sucre (1994, d'après les données du CEDUS).

L'apparition de la grande plantation sucrière, esclavagiste, aux Amériques, au début du XVIIᵉ siècle, fut une étape marquante de l'expansion de l'aire de culture de la canne à sucre, à la suite de laquelle la production rhumière apparut comme une voie de valorisation d'abord du sous-produit de la sucrerie (la mélasse), puis plus tard du jus de canne au XIXᵉ siècle.

Le rhum est l'eau-de-vie fabriquée exclusivement à partir de matières dérivées de la canne à sucre que sont la mélasse, le jus de canne et le sirop de jus de canne. Les îles de la Caraïbe et le Brésil sont l'aire traditionnelle de la production rhumière qui s'est étendue à certains pays d'Afrique et d'Océanie (fig. 4), producteurs de canne à sucre.

CHAPITRE II

La canne à sucre aujourd'hui

Botanique et récolte de la canne à sucre

La canne à sucre est une plante vivace dont la reproduction est assurée par bouture. Son aspect général rappelle quelque peu celui du roseau ou du maïs (fig. 5 et 6).

Son aire de culture se trouve dans les régions à climat tropical et subtropical, chaud, humide et ensoleillé (fig. 4, chap. I). La récolte des tiges est généralement annuelle ; elle est bisannuelle à Hawaii. C'est dans la tige, constituée d'une succession de nœuds et d'entre-nœuds, qu'est stocké le saccharose. Elle peut atteindre quatre à cinq mètres de long pour quatre à six centimètres de diamètre. La teneur en sucre diminue de la base au sommet.

Les critères industriels pris en compte pour la sélection variétale de la canne à sucre sont relatifs à la sucrerie : la production d'un végétal le plus riche possible en saccharose, avec le minimum d'autres composés (non-sucre) (tabl. 1 et 2). Or en fermentation alcoolique, le "non-sucre" (minéraux,

Tableau 2. – Composition d'un jus de canne en principaux éléments
B 51 129 (Variété sélectionnée à la Barbade en 1951 du seedlind 129).
Jus de canne à pleine maturité.

Composés	Concentration (g/l)
Sucres totaux	210,5
Saccharose	205,95
Fructose	0,7
Glucose	3,5
Acide acontique	0,12
Acide citrique	0,12
Cendres	2,5
Azote	0,15
Phosphore	0,07
Potassium	1,31
Calcium	0,13
Magnésium	0,27
Manganèse	0,02

vitamines, azote...) constitue un facteur important de l'efficience fermentaire des levures et de la formation des produits secondaires aromatiques de la fermentation alcoolique.

Le concept de canne "à fermenter", destinée donc à la production de rhum et d'alcool, pourrait être pris en compte par les sélectionneurs afin de faire émerger des clones mieux adaptés à la fermentation alcoolique. La très grande

Figure 5. – Souche de canne comprenant des tiges à différents stades de croissance.

variété d'espèces donnant des produits de croisement avec la canne noble constitue un arsenal intéressant pour la création variétale.

Les principales variétés de canne cultivées à la Guadeloupe (tabl. 3) viennent de la *West Indies Central Sugar Cane Breeding*, Station de La Barbade. La date de récolte varie selon le pays et le climat. Elle s'effectue de 12 à 18 mois après la plantation. La période de récolte se situe de février à mai aux Antilles et de juillet à décembre à la Réunion.

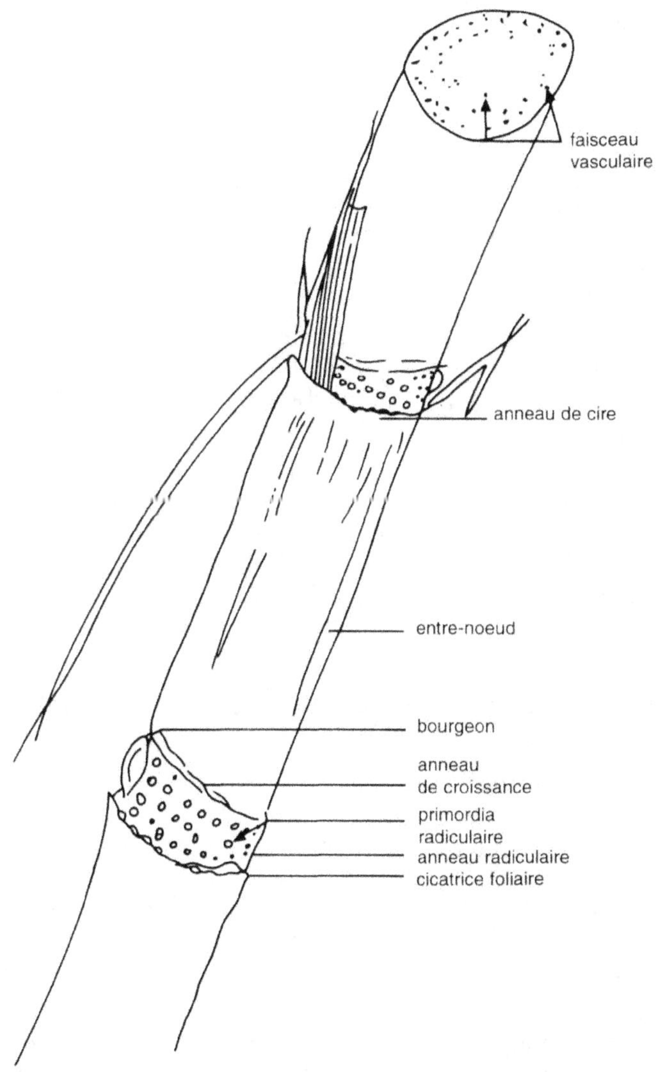

Figure 6. – Morceau de tige de canne comprenant un joint complet (nœud + entre-nœud) et une partie des deux joints adjacents (dessin ± grandeur nature).

Tableau 3. – Principales variétés de canne à sucre cultivées en Guadeloupe (d'après ROOT P., FELDMAN P., 1991).

Variétés	Évolution de l'utilisation
B 47 258	– (= à Marie-Galante)
B 69 566	= (++ à Marie-Galante)
B 69 379	+
B 80 08	++
R 570	++
B 59 92	++
BJ 70 58	+
CO 64 15	+
B 82 139	nouvelle variété

– diminution ; = stabilité ;
+ augmentation ;
++ forte augmentation des surfaces cultivées.

Pour la récolte :

– la tige de canne est coupée à la partie inférieure, aussi près du sol que possible, la partie inférieure de la tige est la plus riche en sucre ;
– le sommet de la tige, appelé "bout blanc", est coupé ;
– la tige étêtée est épaillée.

Le ramassage de la canne et son transport à l'usine ou à la distillerie devraient s'effectuer dans les meilleurs délais car, une fois coupée, la canne se détériore sous l'action de flores bactériennes qui s'y introduisent et entraînent des modifications biochimiques. Celles-ci sont rapides à cause de la température élevée du climat tropical.

Production mondiale de canne à sucre et utilisations

La production agricole

La canne à sucre constitue, en 1993, la plus importante production agricole mondiale avec 1 040 millions de tonnes (Mt) produites annuellement, sur 17,3 millions d'hectares (Mha), avec un rendement moyen mondial de 60 tonnes/hectare (t/ha) (tabl. 4). Le blé est la seconde production : 564 Mt, sur 221 Mha ; le riz est la troisième : 527 Mt, sur 147 Mha (*Annuaire FAO*, 1993).

Si on considère la matière sèche (sucre, fibre, non-sucre) de canne à sucre récoltée pour cette période, on retrouve 312 Mt, alors que pour le blé ce sont 560 Mt. Ramenées à l'unité de surface, ce sont 18 t/ha de matière sèche qui sont produites à partir de la canne à sucre, dont 8,4 t/ha de sucre ; pour le blé ce sont 2,5 t/ha de matière sèche (graines) qui sont produites.

Tableau 4. – Pays producteurs de canne à sucre et production
(milliers de tonnes) en 1993.

MONDE					1 040 600
Afrique	**63 173**	**Amérique du Nord**	**156 459**	**Asie**	**457 786**
Afrique du Sud	11 240	Antigua Barbuda		Afghanistan	38
Angola	290	Bahamas	200	Bangladesh	7 507
Bénin	40	Barbade (La)	500	Bouthan	13
Burkina Fasso	400	Belize	1 200	Cambodge	142
Cameroun	1 350	Costa Rica	2 987	Chine	68 419
Cap Vert	19	Cuba	44 000	Inde	230 832
Congo	400	Dominique	6	Indonésie	32 400
Côte-d'Ivoire	1 450	Dominique R.P.	6 900	Iran	1 850
Egypte	11 780	Grenade	7	Irak	65
Ethiopie R.P.		Guadeloupe	786	Japon	1 847
Ethiopie	1 450	Guatemala	11 425	Laos	90
Gabon	260	Haïti	2 250	Liban	3
Ghana	111	Honduras	2 968	Malaisie	1 137
Guinée	225	Jamaïque	2 700	Népal	1 366
Guinée Bisseau	6	Martinique	210	Pakistan	38 743
Kenya	4 210	Mexique	41 652	Philippines	27 780
Liberia	234	Nicaragua	2 400	Singapour	
Madagascar	1 980	Panama	1 649	Sri Lanka	780
Malawi	2 100	Porto-Rico	799	Syrie	
Maroc	946	St-Kitts & Nevis	200	Thaïlande	34 710
Mali	311	St-Vincent	44	Viêt-Nam	6 656
Maurice	5 100	Trinidad & Tobago	1 255		
Mozambique	330	USA	27 692		
Niger	140			**Europe**	**174**
Nigeria	1 250	**Amérique du Sud**	**327 264**		
Ouganda	1 010			Espagne	170
Réunion	1 800	Argentine	17 000	Portugal	4
Rwanda	54	Bolivie	3 102		
Sénégal	850	Brésil	251 408		
Sierra Léone	70	Colombie	30 500		
Somalie	200	Equateur	6 900	**Océanie**	**35 743**
Soudan	4 650	Guyane Fr.	4		
Swaziland	3 500	Guyana	3 056	Australie	31 700
Tanzanie	1 470	Paraguay	3 000	Fidji	3 700
Tchad	400	Pérou	5 000	Papouasie	340
Zaïre	1 400	Suriname	45	Samoa	
Zambie	1 300	Uruguay	350	Samoa Amer.	
Zimbabwe	700	Venezuela	6 900	Wallis & Futuna	

On peut aussi comparer la canne à sucre et le blé sur le plan du potentiel alcoolique, sachant que dans de bonnes conditions 100 kg de sucre de canne donnent potentiellement 63 litres d'alcool pur (AP), alors que 100 kg d'amidon de blé en donnent 66,5 litres :

– 1 tonne de saccharose de canne à sucre donne 630 litres AP,
– 1 tonne de blé à 69 % d'amidon donne 460 litres AP.

Compte tenu des rendements à l'hectare en 1993, ce sont potentiellement 5 292 litres AP qui sont produits par hectare de canne et 1 152 litres AP par hectare de blé. En fait, au Brésil au début des années 90, en production industrielle de biocarburant, on obtenait 4 000 litres d'alcool pur par hectare de canne à sucre.

En culture, le nombre de tiges par unité de surface de 50 000 à 75 000/ha et la surface de feuille par tige qui dépasse 1 m², sont deux facteurs qui maximisent la lumière absorbée par la canne à sucre. La découverte de la voie photosynthétique en C_4 a été faite sur la canne à sucre qui a alors été présentée comme la culture présentant la meilleure activité photosynthétique.

Apparition du jus de canne
comme matière première de distillerie aux Antilles

La Martinique et la Guadeloupe qui à elles deux constituaient l'un des premiers producteurs mondiaux de sucre au XVIIIᵉ siècle, capables de fournir plus de 90 % de la consommation française, ne sont plus vers la fin du XIXᵉ siècle que des petits producteurs pourvoyant de 5 à 8 % des besoins français. La production sucrière de ces deux îles est victime de la concurrence du sucre de betterave. En effet, après la fondation de la première sucrerie de betterave, à Passy, par Benjamin DELESSERT en 1812, la production française de sucre de betterave se structure et connaît des atermoiements liés à des enjeux sociaux, à la fiscalité, à des choix techniques... Une industrie sucrière métropolitaine en émerge enfin vers 1845, peu avant l'abolition de l'esclavage aux Antilles françaises. A la fin du XIXᵉ siècle, grâce aux progrès techniques et industriels, la France devint le premier producteur européen de sucre de betterave. En 1890, le sucre de betterave représentait les 3/5 de la consommation mondiale et maintiendra sa suprématie sur le sucre de canne jusqu'en 1912. Au moment de la deuxième guerre mondiale, canne et betterave s'attribuaient respectivement les 2/3 et le 1/3 de la production de sucre. Depuis cette répartition s'est à peu près maintenue.

Aux moments les plus forts de la concurrence du sucre de betterave, la seule diversification possible, de l'économie de ces îles basée sur la monoculture de la canne, fut la fabrication des rhums. Ainsi à la fin du XIXᵉ siècle sont installées d'importantes distilleries industrielles pour traiter des mélasses, importées pour partie. Dans le même temps, certains propriétaires d'anciennes habitations éloignées des centrales sucrières, au lieu de vendre à celles-ci leurs cannes grevées de frais de transports élevés ou de chercher à obtenir un sucre de qualité inférieure, trouvèrent plus avantageux de transformer leurs récoltes en rhum en faisant fermenter les jus directement ou après défécation et concentration. Ce fut ainsi que naquirent les rhums agricoles ; ces eaux-de-vie acquirent une importance assez grande à partir de 1883 et surtout au cours de la première guerre mondiale. Elles représentent actuellement bien plus que 50 % de la production rhumière de la Guadeloupe et de la Martinique.

Dans des conditions exceptionnelles, la quantité de matière sèche produite par la canne à sucre peut atteindre 40 g/m²/j et dépasser 150 tonnes/ha/an. Plus de la moitié de la matière sèche produite est répartie dans la tige, qui contient 30 % de matière sèche composée d'environ 60 % de saccharose et de 40 % de fibre (MOORE et MARETZKI, 1996).

La canne à sucre n'est pas la seule plante sucrière industrielle ; la betterave sucrière se caractérise par une production en 1993 de 282 Mt, sur 8 Mha, avec un rendement moyen mondial de 35 t/ha. Il faut noter que le meilleur rendement national betteravier est obtenu en France et, de loin, avec plus de 71 tonnes/ha (*Annuaire FAO*, 1993).

La production de sucre de betterave est plus récente que celle de sucre de canne. Dès 1575, Olivier de SERRES, signalait la richesse de la betterave en sucre : *"Le jus qu'elle rend en cuisant est semblable à un sirop de sucre et très beau à voir à cause de sa vermeille couleur"*. Mais il ne poussa pas plus loin ses constatations qui tombèrent dans l'oubli. L'histoire du sucre de betterave commence avec la publication, dans les *Annales de Chimie* en 1799, d'une lettre relative à une découverte faite par un chimiste Allemand MARGRAFF en 1747, qui réussissait à extraire du sucre de la betterave et à le solidifier. L'auteur de cette lettre, Frédéric ACHARD, un disciple Français de MARGRAFF, affirmait qu'il était possible de produire du sucre de betterave à un coût intéressant. Cette publication connut une grande publicité : des extraits furent publiés dans tous les journaux de l'époque. Au début du XIXᵉ siècle, le blocus continental dans la guerre Franco-Anglaise, à l'époque Napoléonienne, sera à l'origine du développement de la production de sucre de betterave, pour répondre aux besoins de sucre du marché français. Des recherches sont encouragées par l'empereur. Il remet à Benjamin DELESSERT la légion d'honneur le 2 janvier 1812 pour avoir fondé la première raffinerie de sucre de betterave à Passy.

Part de la canne à sucre dans la production sucrière mondiale

En 1994, 64,3 % de la production mondiale de sucre sont obtenus à partir de la canne à sucre, soit 71 millions de tonnes ; les 35,7 % restants sont extraits de la betterave, soit 39,4 millions de tonnes.

La progression de la productivité de sucre de betterave, qui atteint au maximum plus de 10 tonnes/ha/an, a augmenté plus vite que celle de la canne à sucre, qui n'est que de 9,0 tonnes/ha/an (tabl. 5). Cette différence viendrait de la dispersion dans le monde de la recherche, dans des pays manquant souvent de ressources et dépendantes des cours mondiaux. Pour la betterave, la recherche est concentrée dans quelques pays riches, aux revenus sucriers stables, financée par le secteur privé, car immédiatement rentable (AFCAS, 1991).

La mélasse, résidu de la production sucrière, est traditionnellement et de loin la principale matière première de distillerie.

Tableau 5. – Productivité en tonne de sucre par hectare et par an
(d'après P. Du genestoux, 1991).

Culture	Année	Décile bas	Décile médian	Décile haut
Betterave	1965	2,0	3,0	5,0
	1985	2,5	5,0	9,0
	1990	2,5	6,0	10,0 +
Canne	1965	3,5	4,5	9,0
	1985	4,5	5,0	8,5
	1990	5,0	6,0	8,5

Utilisations diverses de la canne à sucre

Dans certains pays, la canne à sucre est l'objet d'utilisations et de valorisations non conventionnelles.

Au **Brésil**, premier producteur mondial de canne à sucre (plus de 250 millions de tonnes/an), environ 150 millions de tonnes sont utilisées pour la production de bioéthanol.

A **Cuba**, le blocus économique a engendré une forte diversification à partir de la canne à sucre ; des productions telles que du papier, du furfural, des panneaux agglomérés, de la levure aliment en sont issues.

A **Porto-Rico**, une stratégie de production de "canne-énergie" a été developpee. La production agricole a intensifié ses rendements (250-300 tonnes/hectare), avec des variétés riches en fibres, pouvant servir à produire de l'électricité ou des produits chimiques tels que le furfural, du jus, du sirop ainsi que du sucre et de l'éthanol.

En **Colombie**, c'est une autre approche, tournée vers la canne aliment pour animaux, dans des exploitations rustiques constituants des agro-systèmes fermés. Trois tonnes de viande sont ainsi obtenues par hectare et par an.

En **Jamaïque** et en **Equateur**, un matériel de traitement séparatif de la canne à sucre a été mis au point pour en obtenir des produits à haute valeur ajoutée, tels que :

- du jus de canne, boisson à longue durée de conservation,
- du sirop, sucre liquide, et des sucres de bouche,
- du charbon de bagasse,
- de la fibre diététique pour l'alimentation humaine,
- des panneaux agglomérés de bagasse.

Conclusion

La canne à sucre est une production agro-industrielle de premier ordre, tant par les quantités produites que par les activités de transformation correspondantes. Elle est, avec ses dérivés (mélasse et sirop), une matière première majeure pour l'industrie sucrière et la production d'alcool de bouche depuis plus de quatre siècles. Au début de la décade 1970, une production d'éthanol carburant à partir de la canne à sucre s'est développée, au Brésil en particulier. Des recherches et des développements pour la diversification de l'utilisation de cette importante ressource renouvelable sont entrepris. Certains ont débouché : c'est par exemple le cas avec le succès récent en Inde, en Indonésie, au Mexique, à Hawaii, à Cuba... de la production de papier journal, de qualité, à partir de bagasse, après 130 ans de recherches (ATCHINSON, 1992).

Le poids de l'industrie sucrière a modelé les évolutions du potentiel agricole et sucrier de la canne. On peut s'interroger sur l'opportunité de la sélection de cannes en vue de transformations autres que sucrière, comme la "canne-énergie" à Porto-Rico.

Le maintien, voire le développement, de cette production agricole et des activités de transformation et de diversification correspondantes, sans oublier la prise en compte des problèmes d'environnement qu'elles occasionnent, les flux commerciaux résultants, sont autant de facteurs contribuant à un équilibre économique mondial. La canne à sucre a en effet une importance planétaire ; le sucre qui en est extrait constitue maintenant une ressource alimentaire. En effet, la consommation en Europe est de 35 kg/habitant/an, soit pas loin de 100 g/jour. Ce n'est donc plus simplement une épice. C'est aussi une source de devises pour de nombreux pays exportateurs

Les sous-produits de la sucrerie : mélasse, bagasse, boue de défécation, eaux résiduaires, constituent, à part la mélasse, une mine sous-exploitée de composés organiques. L'application de procédés biotechnologiques et biochimiques pourrait générer des valorisations intéressantes à partir de ces ressources abondantes et omniprésentes.

Le complexe botanique canne n'est donc pas à considérer uniquement comme une ressource sucrière !

DEUXIEME PARTIE

Principes techniques de fabrication et typologie du rhum

Rhums traditionnels agricole et de sucrerie, rhum léger, rhum paille, rhum ambré, rhum vieux, rhum blanc, rhum grand arôme... sont des types de spiritueux à base de canne à sucre. Une constante des produits commercialisés est une teneur en éthanol qui varie entre 37,5 et 62 % volumique. L'éthanol est le vecteur de composés aromatiques qui constituent le non-alcool.

La quantité et la nature des composés aromatiques du non-alcool font les différences organoleptique et réglementaire entre les types de produits de la distillerie, mais aussi singularisent les rhums au sein des eaux-de-vie.

Les conditions opératoires des différentes étapes, qui se succèdent au cours de la fabrication et de l'élaboration du rhum, déterminent le type réglementaire du rhum et la qualité commerciale l'un des facteurs primordiaux pour les consommateurs.

CHAPITRE III

Technologie rhumière

La technologie rhumière est un processus en plusieurs étapes, qui fait intervenir des opérations unitaires de nature très différente que sont : la "composition" ou autrement dit préparation du moût, la fermentation, la distillation et la maturation (fig. 7).

Les matières premières (tabl. 6)

La fin du cycle végétal de la canne à sucre est le moment le plus approprié pour la récolte en vue de la production sucrière, car la tige à ce stade a une teneur maximale en sucre, alors que le non-sucre est, proportionnellement au sucre, à son minimum. Les tiges sont récoltées et transportées à la distillerie ou à la sucrerie où elles sont broyées avec une imbibition simple ou multiple pour en extraire le maximum de cristaux de saccharose. Le liquide sucré obtenu en fin d'extraction est une dilution du suc de la tige. Il sera utilisé, soit en distillerie à la préparation du milieu de fermentation ou moût, soit en sucrerie où il sera traité pour en extraire des cristaux de saccharose. La fabrication du sucre laisse un résidu, la mélasse ; elle contient environ la moitié de son poids en sucre.

Tableau 6. – Pourcentages moyens des principaux composants des matières premières de la distillerie.

Composé	Canne	Jus	Sirop	HTM [1]	Mélasse
Eau	69	78	29	16	20
Sucre	16	20	66	77	62
Non-sucre	3	2	5	7	18
Fibre	12	–	–	–	–

(1) HTM : *high test molasse*.

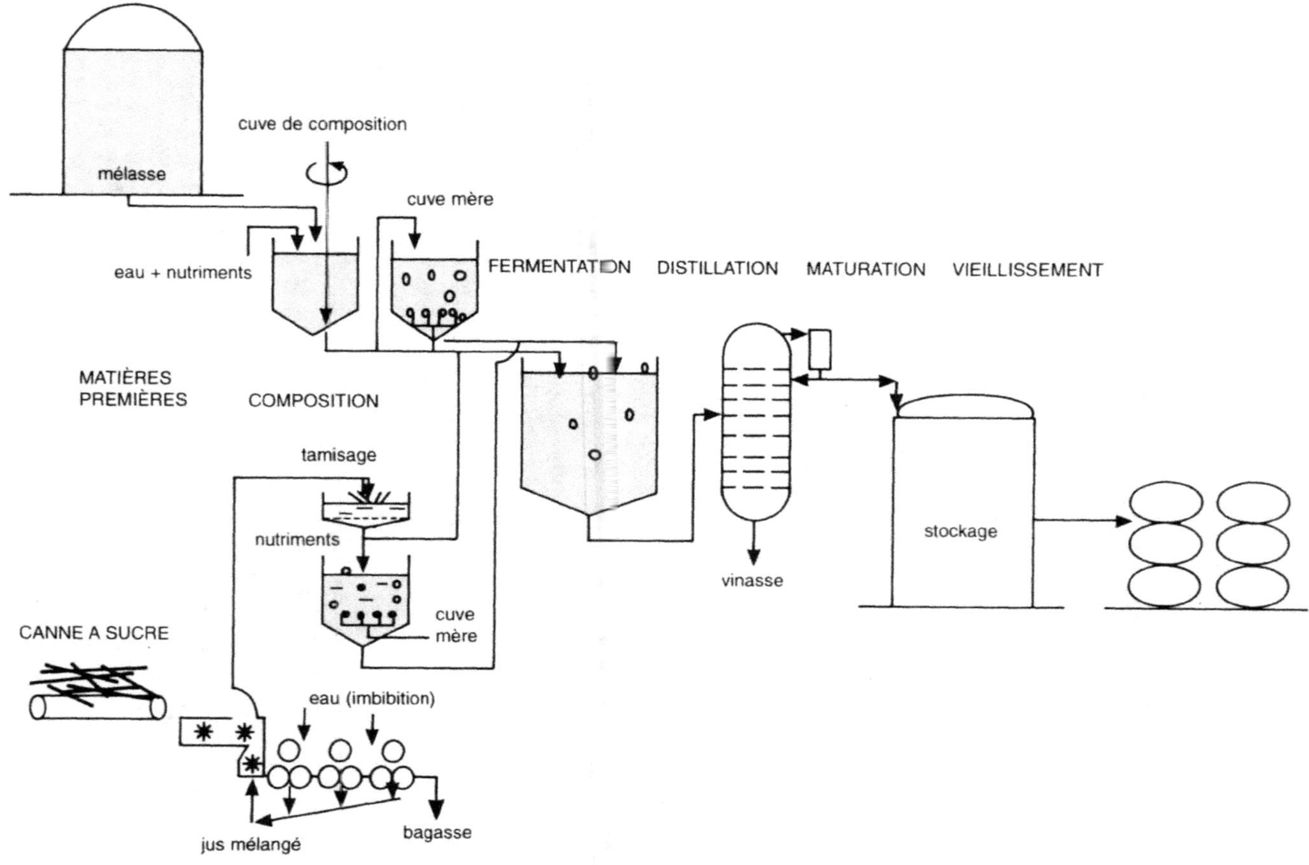

Figure 7. – Diagramme des flux en rhumerie.

Les cannes à sucre destinées à la distillerie ne sont pas forcément récoltées à la fin du cycle végétal, où la pureté est maximale. Le non-sucre du jus de canne est une fraction importante, dans laquelle la levure puise pour satisfaire à ses besoins nutritionnels, au cours de la fermentation alcoolique. Les distilleries utilisant le jus de canne travaillent sur une période bien plus longue que celle de la sucrerie. Ainsi, la campagne de production rhumière peut s'étaler jusqu'à une huitaine de mois dans l'année, excluant les plus pluvieux (août à novembre, généralement).

La mélasse

La mélasse ou gros sirop, sous-produit de la fabrication du sucre, source de sucres fermentescibles, est valorisée en distillerie. Sa composition est complexe : elle varie qualitativement avec l'état phytosanitaire des cannes et les conditions de travail en sucrerie.

Actuellement, environ 25 kg de mélasse sont produits à partir d'une tonne de canne travaillée en sucrerie.

Les principales utilisations de la mélasse sont, par ordre décroissant d'importance :
- la nourriture animale,
- la fermentation alcoolique,
- la production de levures de boulangerie,
- les fermentations glutamique, citrique,
- la production de lysine.

La mélasse est de très loin la matière première la plus employée pour la fermentation rhumière.

Le jus de canne

Ce n'est guère qu'aux Antilles françaises que le jus de canne est utilisé, sur une échelle importante, pour la fabrication de rhum, dont une partie de la production est destinée à l'exportation, contrairement à Haïti et au Brésil où ce type de production est destiné uniquement à la consommation locale.

Tout récemment encore, à la Martinique, à partir de jus de canne chauffé (cuit) et déféqué, un type de rhum était élaboré. Il révèle certaines particularités organoleptiques remarquables : un bouquet se rapprochant des rhums de mélasse mais plus délicat et plus fin, l'arôme de vesou étant fortement atténué.

Les HTM

Les *high test molasse* (HTM) sont des sirops de canne à sucre clarifiés, partiellement invertis pour éviter la cristallisation du saccharose, évaporés à 89° brix. Ils contiennent 70 à 75 % de sucre fermentescible et peu de cendre (2 à 3 %). Les HTM sont utilisées pour la production d'alcool de canne aux USA, au Japon et en Grande-Bretagne. Il y a à Porto-Rico une production de rhum à partir de HTM.

La vinasse, composant du moût

La vinasse est l'eau résiduaire de la distillation des moûts fermentés. Elle est caractérisée par une charge polluante organique qui est très forte dans le cas des vinasses de mélasse (la DCO – Demande chimique en oxygène – varie de 90 à 120 g/l) ; elle est moins importante pour les vinasses de jus de canne (la DCO varie de 15 à 25 g/l). Environ 20 litres de vinasse sont rejetés par litre d'alcool pur produit.

C'est notamment par rapport à son pouvoir acidifiant que la vinasse a longtemps été utilisée pour la composition des milieux de fermentation. Il en résulte des produits particulièrement typés : le rhum grand arôme en est le modèle.

Son utilisation courante pour diluer, ne serait-ce qu'en partie, la matière première glucidique, est une pratique révolue depuis quelques décennies aux Antilles françaises. La vinasse vieillie apporte au moût des quantités appréciables de matière azotée et minérale qui favorisent des réactions d'estérification ainsi que la présence et l'activité de levures du genre *Schizosaccharomyces*.

La fabrication du rhum grand arôme, qui ne se fait plus que dans une unité aux Antilles françaises, nécessite l'utilisation de vinasse de mélasse pour la préparation des moûts ; les levures de fermentation alcoolique sont du genre *Schizosaccharomyces*. Ce type de production constitue un archétype vivant de fabrication de rhum aromatique.

Les eaux de dilution

La composition minérale et notamment bactériologique de l'eau utilisée, pour la préparation des moûts, influe sur le déroulement de la fermentation et la qualité des produits obtenus. C'est rarement de l'eau urbaine. Le profil minéral des eaux dépend de leur origine : eau de source, eau de ruissellement, eau de pluie, eau de nappe phréatique. Ce dernier type a un fort taux de minéralisation, alors que les eaux de surface sont moins minéralisées. Les eaux sont rarement traitées avant leur utilisation pour la composition des moûts.

La préparation des moûts

Cette opération a un double objectif : un bon déroulement quantitatif (rendement en alcool) et qualitatif (produits secondaires aromatiques) de la fermentation alcoolique. On l'appelle aussi la composition ; elle doit être effectuée en tenant compte de la qualité physico-chimique et microbiologique des matières premières et de l'eau utilisées.

Composition des moûts

La composition consiste à mélanger dans des proportions données les matières premières sucrées (mélasse, jus, concentré) à de l'eau ou plus rarement de la vinasse, de manière à obtenir une concentration en sucre, généralement de l'ordre de 100 g/l, mesurée à l'aide de densimètres. Ce paramètre ne doit pas excéder certaines limites de façon à permettre la fermentation, qui est un phénomène exothermique, sans élévation gênante de la température, au-delà de 37 °C. Etant donné les conditions bioclimatiques tropicales, la température du moût en fin de préparation peut être de 26 à 30 °C. Une densité trop faible favorise le développement de certains germes bactériens contaminants qui gênent les levures de fermentation alcoolique. Aussi, il est avantageux de faire fermenter des moûts aussi concentrés que possible afin de diminuer la capacité de cuverie nécessaire, la consommation d'énergie et les volumes de vinasse rejetés.

La complémentation

La complémentation des moûts se fait par apport d'éléments nutritionnels afin d'assurer aux levures, agents de la fermentation alcoolique, des conditions d'efficience au cours de la transformation sucre-alcool, car les extraits de canne à sucre ne contiennent pas toujours suffisamment d'éléments nutritionnels disponibles nécessaires à la levure pour effectuer la transformation sucre-alcool. Ce sont généralement l'azote, sous forme de sulfate d'ammonium, et plus rarement des sels de magnésium qui sont apportés.

En considérant la satisfaction des besoins nutritionnels de la levure au cours du cycle fermentaire, en particulier dans les milieux à base de jus de canne, on peut s'interroger sur l'opportunité d'entreprendre un programme de sélection variétale pouvant aboutir à des cannes à "fermenter", mieux adaptées que la canne à sucre à la fermentation alcoolique (bioéthanol) et/ou à la production de principes aromatiques (rhums aromatiques).

L'acidification

L'acidification des moûts de rhumerie est nécessaire, car une acidité insuffisante favorise la multiplication et l'activité bactérienne préjudiciable à la qualité des produits ; en outre elle provoque la formation, par la levure, de quantités relativement importantes de produits secondaires aux dépens de la production d'alcool. Un excès inhibe la levure. L'acidification adéquate des moûts constitue un des points importants de la fabrication d'alcools industriels et des eaux-de-vie de canne à sucre.

Préparation des différents types de moût de rhumerie

La préparation, ou composition, des moûts présente des variantes suivant que l'on fabrique un produit plus ou moins corsé.

Les moûts à base de mélasse

La mélasse est la matière première de fabrication des rhums de types traditionnel, léger et grand arôme. La dilution de la mélasse est faite avec de l'eau, sauf pour le rhum grand arôme où c'est de la vinasse vieillie, préfermentée, qui sert de diluant. L'eau de dilution doit être de bonne qualité microbiologique et peu minéralisée surtout pour la préparation de moût de fabrication de rhum léger. Les eaux trop fortement minéralisées (calcaire, magnésienne, ferrugineuse) sont à éviter. Celles chargées en matières organiques ou en flore bactérienne sont nuisibles au bon déroulement de la fermentation alcoolique, donnant lieu à des fermentations secondaires qui produisent des composées indésirables. La densité initiale varie entre 1 060 et 1 080. Les quantités d'acide sulfurique ajoutées au moût sont assez variables suivant les pays et le type de rhum. En Guadeloupe pour les rhums traditionnels, l'acide sulfurique est employé à 5 l/100 hl de moût. D'une manière générale, le pH est ajusté en début de fermentation aux environs de 4,5. L'azote, sous forme de sulfate d'ammonium, est employé à la Guadeloupe à 5 kg/100 hl de moût.

En fabrication de rhum léger ou à caractère allégé, la mélasse est l'objet de traitements visant plusieurs objectifs : détruire la flore microbienne contaminante, éliminer une partie du non-sucre (gomme, minéraux) pour améliorer la fermentescibilité de la mélasse et avoir des vins encrassant le moins possible les colonnes ; ce qui réduit les dépenses de vapeur et améliore le rendement des appareils.

Les moûts à base de jus de canne

Ils sont composés à partir de jus de canne (vesou) cru. La densité initiale varie entre 1 035 et 1 050. Au début de ce siècle, il existait dans les Caraïbes une production à partir de vesou déféqué à la chaux et de vesou cuit ; ceci dans le but d'obtenir un produit de qualité. L'apport d'azote sous forme de sulfate d'ammonium est de l'ordre de 4 kg/100 hl de moût ; celui d'acide sulfurique est de 4 l/100 hl de moût.

L'emploi d'antiseptiques

En rhumerie, on entend par antiseptiques des substances qui favorisent la présence de levure de la fermentation alcoolique et gênent les germes indésirables, notamment les bactéries qui sont maintenues en-dessous d'un seuil de population compris entre 10^6 et 10^7 cellules/ml. Au sens large du terme, l'acide sulfurique et les autres acides minéraux ou organiques sont dans certaines limites des antiseptiques. Les fluorures constituent avec l'acide sulfurique les seuls antiseptiques dont l'emploi se soit répandu en distillerie.

L'acide fluorhydrique, préconisé par EFFRONT en 1893, est un antiseptique puissant contre les bactéries, même à faible dose, suffisant pour arrêter la multiplication bactérienne.

Actuellement en Guadeloupe, dans des conditions opératoires présentant des risques de développements bactériens, le fluorure de sodium est employé à 9g/hl de moût. Cependant, le sel fluorhydrique présente des inconvénients : apparition des bactéries résistantes lors de son emploi. Il est fongistatique à forte dose, d'après KERVEGANT (1946), et provoque une diminution du taux en non-alcool des produits. Son emploi est particulièrement indiqué dans des distilleries fabriquant de l'éthanol ou des rhums légers.

L'emploi de l'acide sulfurique présente certains inconvénients. Un premier inconvénient est dû à l'ion sulfate (FAHRASMANE et coll., 1989) : les vins déposent un tartre abondant de sulfate de calcium dans les colonnes au cours de la distillation. D'autres inconvénients sont dus à la réalisation de la fermentation en milieu excessivement acide (pH < 3,5) ; bien que les levures supportent des pH bas, la vitesse de fermentation est ralentie et la productivité et le rendement fermentaires diminuent. Les mélasses peuvent contenir des quantités importantes d'acide acétique qui deviennent d'autant plus inhibitrices de la fermentation alcoolique que le pH est bas. En outre, l'acide sulfurique est un produit corrosif pour les installations et dangereux pour le personnel qui le manipule.

L'utilisation de la pénicilline G sodique a été testée au laboratoire de Technologie des Produits végétaux, du Centre Antilles-Guyane de l'INRA. Les conclusions les plus intéressantes apparaissent lorsque l'on compare une fermentation protégée par de l'acide sulfurique à une fermentation protégée par de la pénicilline. Cette dernière augmente la vitesse de consommation du sucre et le rendement en alcool de la fermentation. La production d'acide acétique est maintenue à un niveau bas malgré la présence des bactéries contaminantes. En présence de pénicilline, il est possible d'opérer des fermentations à pH supérieur à 5. Il semble que ces pH soient les plus favorables à la qualité des rhums. En particulier les quantités d'acide acétique libre distillées diminueront, car à de tels pH cet acide sera partiellement salifié. Enfin, la pénicilline étant thermolabile et pas volatile, elle ne peut être trouvée dans les rhums et dans les vinasses. Il n'y a donc pas à craindre des difficultés lors du traitement des vinasses en station d'épuration. Les phénomènes de résistance bactérienne, qui peuvent apparaître en présence d'antibiotiques, font que la pénicilline est très peu utilisée en distillerie.

Cependant, le rhum étant un alcool de bouche, s'il est important d'améliorer les rendements, il ne faut pas cependant négliger la qualité. Certaines bactéries peuvent être utiles à la formation du bouquet et contribuent à la formation de l'arôme des rhums traditionnels, quand la flore bactérienne est maintenue dans certaines limites à l'aide de substances à propriété antiseptique.

Levain – Ensemencement

Le levain est par définition un milieu où l'agent de la fermentation est multiplié, produit et acclimaté avant d'être introduit dans le milieu de fermentation. En rhumerie, actuellement, la densité des moûts pour levain est plus basse que celle des moûts de fermentation afin de favoriser la multiplication cellulaire. Un dispositif d'aération du milieu permet de favoriser la production de biomasse. La complémentation en sulfate d'ammonium est augmentée de 20 à 30 % par rapport au moût de fermentation.

Aux Antilles françaises vers 1970, le besoin de maîtriser des aléas fermentaires (arrêt, prolongation, acidification) a conduit à l'utilisation de la levure de boulangerie séchée, peu chère et disponible, comme levure alcooligène d'appoint, et à la mise en œuvre de cuve-mères et de cuves à levain (fig. 8). Dans bon nombre de cas, le travail en distillerie suit des cycles hebdomadaires de cinq à six jours d'activité. En début de semaine, il y a préparation d'un levain ou "pied de cuve", à partir de levure sèche, généralement de boulangerie, qui est introduit dans du milieu jus de canne ou mélasse, à faible densité. Le moût est acidifié à pH 4,5 par apport d'acide sulfurique ; il est aussi complémenté en azote par apport de sulfate d'ammonium. Le levain est préparé dans une cuve-mère aérée ou dans une cuve de fermentation. Il représente environ 1/5 à 1/3 du volume de milieu de fermentation à ensemencer.

La première cuve de fermentation est ensemencée avec le levain. Puis les cuves suivantes, durant la semaine de travail, sont ensemencées par coupage, en prélevant du milieu des cuves en cours de fermentation. Dans les unités les plus importantes, les cuves de fermentation sont systématiquement ensemencées à partir de cuves-mères (VIDAL et PARFAIT, 1994).

Ce retour en arrière est aussi dicté par la prise en compte d'une tendance du marché à proposer des rhums à caractère allégé.

La production rhumière actuelle doit, pour rester compétitive, adopter des méthodes de conduite des fermentations ne laissant pas de place aux aléas des fermentations spontanées. Le souci de produire des rhums aromatiques, que ce soit à partir de la mélasse ou du jus de canne, doit passer par l'établissement et le suivi de protocole rigoureux tenant compte de l'ensemencement avec des levures sélectionnées.

ARROYO faisait remarquer dès 1945 que des impératifs économiques tels que la standardisation de la production amèneraient à maîtriser la fermentation à travers l'utilisation de levures sélectionnées.

Nous avons contribué à la sélection, à partir de notre collection, d'une souche de levure : *Saccharomyces cerevisiae* var. *cerevisiae* répertoriée 493. C'est la première levure commerciale de rhumerie, disponible sur le marché international. Le développement, par la firme LALLEMAND S.A., de la forme sèche active a abouti à des résultats satisfaisants (SANCHEZ, 1994). Des protocoles ont été élaborés, au CRITT BAC, pour sa mise en œuvre dans

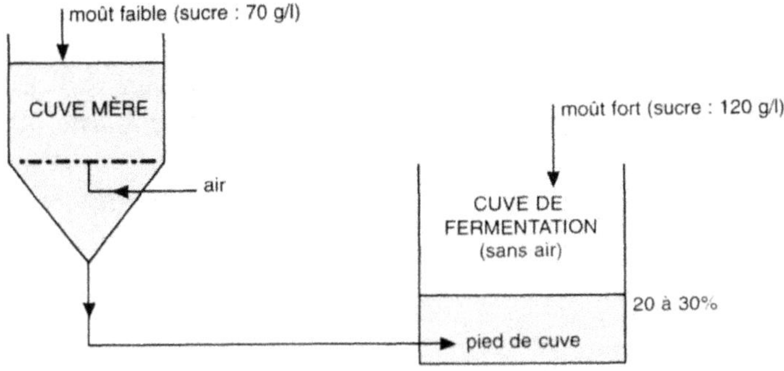

Figure 8. – Procédé de fermentation par cuve-mère.

des moûts de fermentation à base de mélasse (VIDAL et PARFAIT, 1994 a et b). Ses principales caractéristiques sont :

- pH optimal : 4,5,
- température optimale : 33 °C,
- rendement de la fermentation alcoolique : 0,595 litre d'alcool pur/kg de sucre fermentescible,
- productivité d'éthanol : 3,0 g/l/h.

En outre, cette souche montre une bonne occupation du milieu et un bon taux de cellules vivantes, meilleurs que ceux des levures commerciales d'œnologie et de boulangerie ; elle a le caractère *"killer"*. Elle garde une bonne activité à une température de 36 °C. Il n'y a pas apparition de mauvais goûts.

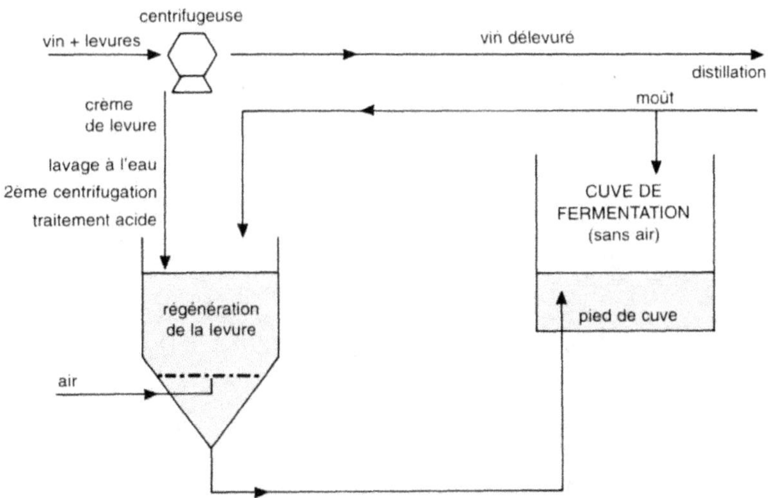

Figure 9. – Procédé de fermentation par reprise de levure.

La mise en œuvre de la reprise de levure, pour l'ensemencement des moûts (fig. 9), qui consiste à récupérer par centrifugation des levures de moût fermenté, mise au point par F. BOINOT vers 1930, n'a été appliquée que ponctuellement aux Antilles françaises : à l'usine de Darboussier (Guadeloupe), à partir de 1939. Cette méthode apparaît actuellement comme intéressante pour la maîtrise de l'ensemencement des moûts et le traitement des rejets.

CHAPITRE IV

La fermentation alcoolique

En rhumerie, la fermentation principale alcoolique est l'œuvre de levures : généralement des *Saccharomyces* et dans certaines conditions des *Schizosaccharomyces*. Des populations bactériennes, provenant principalement des matières premières (jus de canne et mélasse) ainsi que de l'eau de composition des moûts, se manifestent concomitamment à la flore alcooligène. Elles interagissent sur la cinétique et la biochimie de la fermentation alcoolique et ont donc une incidence sur les propriétés organoleptiques des produits de la rhumerie.

L'évolution de la fermentation rhumière

L'une des principales caractéristiques de la fabrication rhumière du XVIᵉ au XVIIIᵉ siècles est la fermentation alcoolique spontanée. Elle était le fait de germes microbiens ayant résisté aux diverses opérations de la sucrerie (concentration, cuite des sirops) et ceux apportés par les bacs en bois utilisés pour la fermentation. Elle durait une à deux semaines. Une abondante flore bactérienne acidifiante se manifestait à côté de levures du genre *Schizosaccharomyces*. Ce complexe microbien, de faible productivité, générateur de produits corsés était favorisé par l'apport de vinasses dans les moûts (résidu de distillations antérieures). Ces eaux résiduaires étaient préfermentées lors de stockages qui duraient plusieurs semaines et au cours desquelles avaient lieu des fermentations bactériennes acidifiantes. Les moûts ainsi composés étaient acides et avaient une forte pression osmotique. Seules les levures du genre *Schizosaccharomyces* sont capables d'être actives dans de telles conditions de milieu.

L'utilisation des écumes et de la vinasse (tabl. 7) dans la composition des moûts a diminué peu à peu, au début du XXᵉ siècle, pour être remplacée par de l'eau comme moyen de dilution. Ces modifications ont permis l'apparition de *Saccharomyces* comme agents de la fermentation alcoolique.

Tableau 7. – Composition des moûts de rhumerie
au début du XIXᵉ siècle (%) (d'après PORTER, 1830).

Ingrédients	Indes occidentales	Jamaïque
Mélasse	10	6
Ecumes	30	36
Vinasse	20	50
Eau	40	8

Actuellement, la vinasse n'est utilisée que pour la composition des moûts de fabrication des rhums de type grand arôme.

Les conditions physico-chimiques (pH – acidité, température, pression osmotique) des milieux sont déterminantes dans la microbiologie et le déroulement du processus fermentaire : l'acidité et le non-sucre sont primordiaux dans le déterminisme de la spontanéité de la fermentation par *Schizosaccharomyces*.

Aux Antilles françaises vers 1970, le souci des distillateurs de maîtriser les aléas fermentaires (arrêt, prolongation, acidification) a conduit à l'utilisation d'une levure d'appoint. La levure de boulangerie séchée, peu chère et disponible, a été très utilisée et continue à l'être. Cette nouvelle pratique, qui dans le principe constituait un retour à ce qui avait été tenté au début du XXᵉ siècle, présentait l'intérêt d'éviter la fabrication de produits acides et l'apparition de mauvais goûts. En outre, une tendance à produire des rhums à caractère allégé, pour suivre des demandes du marché, est à l'origine de l'abandon de la vinasse comme composant des moûts.

La température (26 à 35 °C) est un paramètre important de l'expression de la flore bactérienne qui est suractivée par des températures élevées. Ces paramètres, très influents sur l'activité microbienne, doivent être envisagés, dans la spécificité rhumière, en vue de l'établissement de protocoles adaptés aux objectifs actuels de production.

Inventaire de levures de rhumerie

Un inventaire des levures spontanées de rhumerie, effectué aux Antilles françaises par PARFAIT et SABIN (1975) (tabl. 8), révèle que les levures du genre *Schizosaccharomyces* ne sont plus présentes, sauf dans les milieux de fermentation de production de rhum grand arôme. Les *Saccharomyces* sont les principaux agents alcooligènes dans les milieux de fermentation spontanée comme dans les milieux ensemencés, où l'apport de vinasse est faible ou le plus souvent nul.

Une prospection entamée au début des années 70, dans des distilleries d'Haïti, où les milieux fermentaires sont à base de sirop de canne dilué avec

Tableau 8. – Présence des espèces de levures sur les matières premières et en distillerie (d'après PARFAIT et SABIN, 1975).

Levures isolées	Mat. première	Moût	Vin
Saccharomyces cerevisiae	10	19	15
Saccharomyces chevalieri	3	5	4
Saccharomyces rouxii	1	1	1
Saccharomyces aceti	1	5	3
Saccharomyces microellipsodes		1	
Saccharomyces delbruckii		1	
Saccharomyces carlbergensis		2	1
Schizosaccharomyces pombe		1	1
Pichia membranaefaciens			1
Hansenula anomala	2	2	2
Hansenula minuta			1
Candida krusei	1		2
Candida pseudotropicalis	1		
Candida tropicalis	1		
Torulopsis candida	2		
Torulopsis globosa	3		1
Torulopsis glabrata	4	2	3
Torulopsis stellata	1	1	

Prospection menée dans dix distilleries utilisant de la mélasse et seize utilisant le jus de canne (Identification selon LODDER, 1970).
Le chiffre correspond au nombre de fois où l'espèce de levure est présente.

de la vinasse, montre qu'on y trouve des *Schizosaccharomyces* comme levure de fermentation alcoolique (FAHRASMANE *et al.*, 1988). Trois espèces ont été identifiées à partir de 60 prélèvements. Selon la classification de LODDER (1970) ce sont :

55 *Schizosaccharomyces pombe* LINDNER,
 4 *Schizosaccharomyces malidevorans* RANKINE et FORNACHON,
 1 *Schizosaccharomyces japonicus* YAKAWA et MAKI.

D'après la classification plus récente de BARNETT et coll. (1990), *Sch. pombe* et *Sch. malidevorans* constituent une seule espèce, *Sch. pombe. Sch. japonicus* est devenue *Hasegawaea japonica* YAMADA et BANNO. En effet cette dernière montre un pouvoir fermentaire faible et une cinétique relativement lente, comparativement aux autres *Schizosaccharomyces* que nous avons testées dans des milieux de laboratoire.

Il est intéressant de noter que des levures du genre *Schizosaccharomyces* sont plus productives en fermentation alcoolique continue que les *Saccharomyces*, dans des milieux à base de mélasse ayant un brix initial de 25°.

La composition des moûts de rhumerie et donc la flore correspondante ont varié au cours du temps en fonction de facteurs techniques, de la maîtrise des ressources en eau et des acquis de la microbiologie. Ces changements dans le processus de fabrication, ainsi que le passage de l'alambic à la colonne à distiller au cours du XIXe siècle, ont entraîné des modifications de la composition et des propriétés organoleptiques des produits de la rhumerie.

Biochimie et thermochimie

La fermentation alcoolique correspond à la transformation des substrats carbonés, en particulier les sucres, en alcool éthylique et en anhydride carbonique. Cette réaction a lieu spontanément ou est provoquée lors de la fabrication de boissons alcooliques (vins, bières, eaux-de-vie...). Le gaz carbonique dégagé est le facteur de la levée de la pâte de boulangerie. En 1810, GAY-LUSSAC (1778-1850) définit l'équation chimique de la réaction globale :

$$C_6H_{12}O_6 \longrightarrow 2\ CO_2 + 2\ (CH_3 - CH_2 - OH) \qquad (1)$$

$$\underset{\text{glucose}}{} \qquad\qquad \underset{\text{gaz carbonique}}{} \quad \underset{\text{éthanol}}{}$$

Les agents de la fermentation alcoolique sont principalement les levures. L'espèce la plus commune est *Saccharomyces cerevisiae* dont des souches ont été sélectionnées pour la brasserie, la boulangerie, l'œnologie ; une souche a été sélectionnée pour la rhumerie à la Station de Technologie des Produits végétaux de l'INRA Antilles.

Quand la réaction a lieu à partir du saccharose, qui est le sucre majeur de la canne à sucre, il y a en premier lieu inversion du saccharose en glucose et fructose :

$$C_{12}H_{22}O_{11} + H_2O \longrightarrow C_6H_{12}O_6 + C_6H_{12}O_6 \qquad (2)$$

$$\underset{\text{saccharose}}{} \quad \underset{\text{eau}}{} \qquad\qquad \underset{\text{glucose}}{} \quad\quad \underset{\text{fructose}}{}$$

Le glucose est ensuite activé sous forme de glucose-6-phosphate et le fructose en fructose-6-phosphate. Ces deux sucres activés entrent dans la glycolyse ou voie de Emden-Meyerhof comprenant l'ensemble des réactions qui permettent aux cellules vivantes de transformer des sucres en C_6, tels que glucose et fructose, en acide pyruvique. Ces réactions se retrouvent aussi bien en anaérobiose (fermentation alcoolique, fermentation lactique) qu'en aérobiose (respiration, production de biomasse). L'acide pyruvique produit par la glycolyse est soit réduit en acide lactique, soit réduit en éthanol après décarboxylation (fermentation alcoolique, fig. 10).

Le bilan chimique de la fermentation d'une molécule de sucre en C_6, par la levure s'écrit :

$$C_6H_{12}O_6 + 2\ ADP + 2\ H_3PO_4 \longrightarrow 2\ CH_3 - CH_2 - OH + 2\ CO_2 +$$
$$2\ H_2O + 2ATP + 25{,}4\ \text{kcal}$$
$$+ \text{produits secondaires} \qquad (3)$$

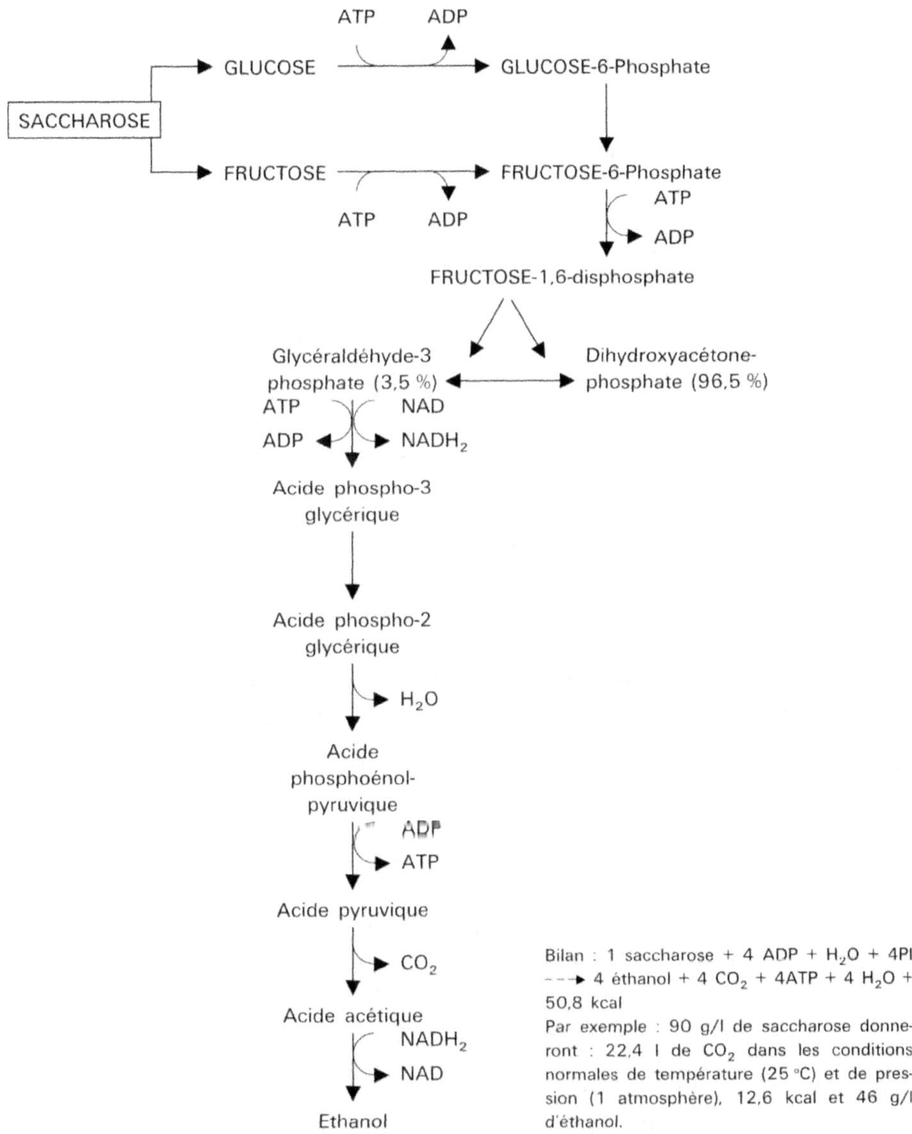

Figure 10. – Fermentation alcoolique du saccharose par la levure.

Une molécule de glucose, soit 180,16 g de sucre, donne au cours de la fermentation alcoolique deux molécules d'éthanol, soit 92,14 g (2 × 46,07). PASTEUR précisait que dans de bonnes conditions, 95 % seulement du sucre sont convertis en éthanol et en gaz carbonique ; 5 % donnent par la fermentation glycéropyruvique des produits secondaires divers tels que le glycérol, l'acide succinique, le 2-3 butanediol, l'acide acétique, l'éthanol... La formation d'acides, dont l'acétique et le succinique, entraînent l'abaissement du pH des milieux de fermentation au cours du processus.

Les deux molécules de CO_2 formées par molécule de glucose fermentée, dans des conditions normales de température et de pression, correspondent à un dégagement de 44,8 litres de gaz produits ($22,4 \times 2$).

Sur le plan énergétique, la variation d'énergie libre de la transformation chimique d'une molécule de glucose en éthanol et CO_2 est de 40 kcal ; il y a formation de 2 liaisons ATP qui consomment 14,6 kcal qui serviront à la cellule pour assurer ses fonctions vitales, en particulier sa multiplication, l'énergie de formation d'une liaison ATP étant de 7,3 kcal. La différence, soit 25,4 kcal, est libérée sous forme de chaleur qui provoque l'échauffement des cuves de fermentation, d'où dans certains cas la nécessité de contrôler la température de fermentation.

Les principales fermentations secondaires et leurs produits

Des populations bactériennes provenant principalement des matières premières : jus de canne et mélasse, ainsi que de l'eau de composition des moûts, se manifestent parallèlement et postérieurement à la fermentation alcoolique. Des fermentations secondaires bactériennes peuvent alors se développer.

Actuellement les fermentations secondaires ont une importance variable. En fabrication de rhum léger, on essaie de les limiter en pasteurisant la matière première, en ensemençant fortement en levure, en utilisant une eau de dilution de bonne qualité bactériologique et en utilisant des antiseptiques. Les bactéries, agents des fermentations secondaires, jouent un rôle important dans la fabrication du rhum grand arôme. Entre ces extrêmes, il y a des fermentations où la flore bactérienne est présente et active sans jouer un rôle déterminant. Elles interagissent sur la cinétique et la biochimie de la fermentation alcoolique et ont une incidence sur les propriétés organoleptiques des produits de la rhumerie.

La nature de la flore bactérienne est fonction de la matière première utilisée ; son importance numérique dépend de l'état sanitaire des ingrédients des moûts.

Les traitements thermique, bactériostatique ou stérilisant des composants des moûts, l'acidification des milieux, l'utilisation d'antibiotiques et l'apport de levure d'appoint en fermentation, permettent la maîtrise de la présence et de l'activité de la flore bactérienne, dont l'expression, contenue dans certaines limites, conduit à des produits aromatiques. Autrement, la flore bactérienne surabondante synthétise des composés qui peuvent être alors à des concentrations qui les rendent indésirables, aux plans organoleptique et toxicologique (acides acrylique, butyrique, acroléine...).

La fermentation lactique

C'est la fermentation la plus universelle. Elle se caractérise par la formation d'acide lactique, aussi bien à partir de l'amidon des céréales, du saccharose, du glucose ou du fructose des fruits et des légumes, ou encore du lactose du lait dont cet acide tire son nom.

Les agents de la fermentation lactique sont des bactéries. Les yaourts et la choucroute en sont des produits types.

La fermentation lactique est une des fermentations secondaires qui a lieu concomitamment à la fermentation alcoolique rhumière ; elle prend plus ou moins d'importance en fonction du degré de maîtrise de la flore de bactéries lactiques.

La fermentation acétique

Elle est aérobie et donne lieu à la conversion de l'éthanol en acide acétique, principal constituant du vinaigre, à partir de divers liquides alcoolisés : alcool proprement dit, vin, cidre et donc l'éthanol contenu dans les milieux fermentés de rhumerie. Des bactéries acétiques en sont les agents, selon la réaction suivante :

$$CH_3 - CH_2 - OH + O_2 \longrightarrow CH_3 - COOH + H_2O \qquad (4)$$
$$\text{éthanol} \qquad \text{oxygène} \qquad \text{acide acétique} \qquad \text{eau}$$

Cette réaction prend de l'importance quand les cuves de milieux fermentés tardent à être distillées. Les distillats ont alors une forte acidité volatile.

Pour former un gramme d'acide acétique les bactéries fixent l'oxygène d'au minimum deux litres d'air.

La fermentation propionique

Elle se produit notamment au cours de l'affinage des fromages du type gruyère, où elle succède à la fermentation lactique et provoque la transformation de l'acide lactique en acide propionique et en gaz carbonique, et apporte ainsi à la fois un arôme recherché et le gaz responsable de "l'ouverture" ou formation des trous du gruyère.

Ce type de fermentation est concomitant à la fermentation alcoolique rhumière. La constance de la présence, dans les rhums, de l'acide propionique pourrait constituer, au sein des eaux-de-vie, un marqueur du rhum qui en est relativement plus riche.

Contrôle de la fermentation alcoolique rhumière

Il est important de contrôler certains paramètres de la fermentation alcoolique. L'absence de contrôle peut laisser la place à des manifestations préjudiciables à la qualité des produits et à la bonne marche de la distillerie : température excessive, acidité des moûts inhibitrice pour les levures de fermentation alcoolique, formation de substances indésirables...

Contrôle de la température et de la densité

Les températures élevées (supérieures à 35 °C) réduisent l'activité de la levure, surtout en présence de dose d'alcool élevée et favorisent les phénomènes d'autolyse des cellules. Elles accroissent les pertes d'alcool par évaporation, ainsi que les dangers d'infection par certains micro-organismes thermophiles (bactéries lactique, acétique, etc.) surtout lorsque la fermentation se fait par voie spontanée. Il nous arrive de noter des températures supérieures à 40 °C dans des cuves de fermentation spontanée.

En même temps que le rendement alcoolique se trouve réduit, il se forme des produits secondaires de la fermentation, préjudiciables à la qualité des produits, tels que l'acroléine.

La levure forme davantage d'esters quand elle travaille en milieux à faible température. Les principaux moyens dont on dispose pour contrôler la température sont :

– le choix d'un emplacement convenable, frais et aéré, pour l'établissement de l'atelier de fermentation,
– l'emploi de cuves de capacité modérée,
– le réglage de la concentration en sucre,
– enfin, la réfrigération des moûts. Le refroidissement des cuves se fait soit par ruissellement d'eau sur les parois (cuves en tôle), soit plus fréquemment à l'aide d'un serpentin à circulation d'eau froide ; ce qui constitue une opération coûteuse pour être pratique. Aussi, en rhumerie, se contente-t-on généralement d'amener le moût à 28-30 °C, avant de l'envoyer en cuverie, sans chercher à le refroidir au cours de la fermentation.

La mesure de la densité permet de suivre l'avancement de la fermentation, sa vitesse, de diagnostiquer un problème. Sur milieu jus de canne, en fin de fermentation selon la température, la densité est aux environs de 1 000, pour une densité initiale de l'ordre de 1 040 ; elle est plus élevée dans les milieux à base de mélasse, aux environs de 1 020, pour une densité initiale de l'ordre de 1 065.

Contrôle de l'acidité

Le dosage de l'acidité volatile constitue un moyen sensible pour apprécier l'activité des bactéries dans les milieux fermentaires. Les unités de production de rhums industriels, qui produisent du rhum industriel traditionnel, utilisent des moûts qui ne sont pas stérilisés. Les ensemencements se font par coupage cuve à cuve ; les fermentations se font dans des cuves ouvertes, soumises à toutes les contaminations extérieures. Dans des conditions aussi précaires, la fermentation alcoolique est rarement pure. A côté des levures se développe une microflore de bactéries responsables de la production d'acidité volatile, l'acide acétique constitue l'essentiel de l'acidité volatile des rhums (FAHRAS-MANE et coll., 1983).

L'acide acétique, au-delà de certaines limites, est gênant pour deux raisons :

– en milieu acide, il inhibe la fermentation et ralentit la production d'éthanol de la cuverie ;
– il se forme de l'acétate d'éthyle qui ne constitue pas un élément de qualité pour le rhum. Le plus simple moyen pour éviter une trop forte production d'acide acétique consiste à abaisser le pH du moût, dès le départ en fermentation, pour limiter la multiplication et l'activité des bactéries.

La biosynthèse de l'acide acétique est favorisée par les conditions suivantes :

– dans les milieux de fermentation alcoolique rhumière, l'acétification de l'éthanol peut se produire quand les milieux fermentés ne sont pas distillés immédiatement, après la fin de la fermentation alcoolique ;
– quand la température de fermentation est trop élevée ($> 37\,°C$),
– quand l'acidité initiale des milieux de fermentation est insuffisante.

Durée de la fermentation

La fermentation, suivant les conditions, peut durer une douzaine d'heures dans des milieux à base de mélasse pour la production de rhums légers, à 24-36 h dans des milieux à base de jus de canne, et environ une dizaine de jours pour la production de rhum grand arôme.

Rendement de la fermentation alcoolique rhumière

L'étape de la fermentation en distillerie totalise près de la moitié des pertes au cours de la fabrication (tabl. 9).

Tableau 9. – Pertes (%) de rendement, en équivalent éthanol, à différentes étapes du travail en distillerie.

Opération	En production d'éthanol au Brésil [1]	En production rhumière aux Antilles françaises [2]
Extraction/Broyage	6,0	9,0
Purification	2,0	–
Fermentation	10,0	12,5
Distillation	3,0	0,9
Divers	–	2,0

(1) d'après EBELING (1989).
(2) moyennes pour 39 échantillons, provenant de 13 distilleries de rhum traditionnel agricole.

Magne montrait dès 1917 pour des productions à base de mélasse, que suivant les conditions microbiologiques liées aux types d'ensemencements mis en œuvre, le rendement de la fermentation alcoolique du sucre variait considérablement :

- levure pure .... 85-95 % du rendement Pasteur,
- levure avec antiseptique .. 70-85 %,
- levure pressée .... 50-75 %,
- fermentation spontanée .. 40-60 %.

Des mesures de rendement de la fermentation alcoolique, sur mélasse, sirop et jus de canne dans une même unité industrielle montrent des variations en fonction de la matière première (Destruhaut *et al.*, 1986) :

- rendement sur mélasse .... 0,52 l AP/ kg glucose,
- rendement sur jus de canne ..... 0,47 l AP/kg glucose,
- rendement sur sirop .... 0,40 l AP/kg glucose.

(l AP/kg glucose : litre d'alcool pur par kg de glucose).

Au Brésil, en production de bioéthanol à partir de jus de canne traité et enrichi par ajout de jus concentré ou de mélasse (résidu incristallisable de la fabrication du sucre), le rendement moyen est de 0,53 (Ebeling, 1989).

Sur betterave, toujours en production d'éthanol, Alard et de Miniac (1985) obtiennent des rendements de 0,60 sur égout (résidu de sucrerie duquel le sucre cristallisable n'est pas totalement extrait) avec recyclage de vinasse.

Ces chiffres montrent que le non sucre de la matière première, à travers ses teneurs en azote et en certains minéraux, est une source de nutriments, un facteur d'amélioration du rendement fermentaire. Il y a donc une marge significative d'amélioration possible des rendements en rhumerie.

Sur le plan pratique, en distillerie agricole, les rendements varient de 85 à 130 litres de rhum à 55 % (vol.) par tonne de canne. Au Brésil, en production de bioéthanol, on obtient jusqu'à 85 litres d'alcool pur par tonne de canne. Cette large gamme de variation s'explique par la maturité (richesse en sucre) très variable des cannes, le peu d'efficacité des moyens d'extraction du jus et plus particulièrement par les conditions de fermentation. Des mesures ont été effectuées dans 13 distilleries agricoles de la Martinique, pendant 2 campagnes ; ce qui nous a permis d'estimer statistiquement les pertes au niveau des différentes étapes du processus de la distillerie. 25 % du rhum potentiel de la canne sont perdus (tabl. 9) ; une moitié l'est dans l'étape fermentaire. Il apparaît que des points d'amélioration sensibles du rendement de la distillerie existent au niveau de l'extraction et de la fermentation. Les autres opérations ne donnant lieu qu'à des pertes moins importantes qui peuvent être limitées.

Comparativement, environ 250 litres d'alcool pur sont obtenus par tonne de mélasse. Le coût de production d'un litre d'alcool pur, à partir de jus de canne, est en moyenne trois fois plus élevé (~ 24 francs) qu'à partir de mélasse (~ 8,50 francs).

Afin d'améliorer le rendement et la productivité de la fermentation nous recherchons de nouvelles sources de complémentation. Nous étudions l'effet d'extraits lipidiques provenant des boues de défécation de sucrerie (BOURGEOIS et FAHRASMANE, 1988). L'amélioration du rendement en rhumerie doit tenir compte du fait que des produits aromatiques doivent présenter un bouquet qui leur donne une spécificité organoleptique.

Bactériologie de la fermentation alcoolique rhumière

Les matières premières de distillerie sont des habitats facilement colonisés par des bactéries. La mise en œuvre des mélasses et jus de canne, aux Antilles françaises, ne fait pas intervenir de pasteurisation ou de stérilisation.

L'activité de la flore bactérienne essentiellement acidifiante est aussi à l'origine de la formation de substances qui, dans certains cas, peuvent perturber la fermentation alcoolique.

Les bactéries consomment du sucre, des produits secondaires de la fermentation alcoolique. Elles synthétisent des substances qui interviennent dans les propriétés organoleptiques du rhum, de façon favorable ou non.

Des métabolites volatils d'origine bactérienne peuvent être utilisés pour contribuer à la caractérisation des rhums.

Il est donc important de déterminer la dynamique des populations bactériennes et leur nature, afin d'élaborer des modalités de contrôle de ces flores. L'étude et la détermination des propriétés physiologiques et biochimiques des bactéries contribuent à établir des éléments d'évaluation de leurs importances en technologie rhumière.

Origines et nature de la flore bactérienne (tabl. 10)

Tableau 10. – Populations moyennes de bactéries dans les eaux, moûts et vins de distillerie.

Groupe bactérien	Eau	Jus de canne	Vin de canne	Mélasse	Vin de mélasse
Aérobies totales	7.10^3	10^7	3.10^7	2.10^2	6.10^2
Aérobies sporulées	10^3	10^2	8.10^5	4.10^2	4.10^2
Anaérobies totales	2.10^3	10^5	3.10^2	3.10^2	2.10^9
Anaérobies sporulées	10^3	10	2.10^2	4.10^3	6.10^4
Leuconostoc	30	2.10^6	15.10^4	–	–
Lactobacillus	20	10^8	2.10^9	–	45.10^4
Sulfato-réductrices lactate +	30	10	non recherché	–	présence de BSR * acétate +

Valeurs exprimées en unité formant colonie (ufc).
* BSR : bactéries sulfato-réductrices.

La canne à sucre

L'inventaire des bactéries présentes dans les milieux fermentaires révèle que la flore de surface des tiges de canne à sucre se retrouve dans les jus. Elle est à dominance lactique, de type aérobie, de l'ordre de 10^7 germes par ml de moût, composée principalement de Corynébactéries, de *Micrococcus*, d'Entérobactéries, de *Bacillus*, de *Pseudomonas* ; il y a aussi des germes microaérophiles : *Lactobacillus, Leuconostoc* (tabl. 11).

Des délais importants (> 36 heures), entre la récolte de la canne et son utilisation en distillerie, sont favorables à la multiplication, sur cette matière première ainsi que dans les milieux de fermentation, de *Leuconostoc, Xanthomonas, Aerobacter* et *Micrococcus*. Il en résulte au cours du cycle fermentaire, une production d'acides et de dextrane (BEVAN et BOND, 1971). PICARD et TORIBIO (1972) ont montré que les cannes brûlées donnent un jus très acide.

Les cannes peuvent être l'objet d'attaques par des insectes lépidoptères piqueurs : *Diatraea saccharalis* ou Borer. Les galeries creusées constituent des niches de grande prolifération bactérienne (10^7 à 10^9 germes par gramme de tige de canne à sucre). Le stockage à même le sol des cannes coupées et les blessures des tiges dues aux rongeurs augmentent la prolifération bactérienne.

La mélasse

Lors de la fabrication du sucre, une grande partie de la flore bactérienne non sporulée est détruite. Il en résulte que les mélasses sont en général moins chargées en germes que les jus ; il peut y subsister quelques formes sporulées résistantes aux sels minéraux et antiseptiques utilisés en sucrerie. On y retrouve principalement des bactéries thermorésistantes sporulées (*Bacillus*

Tableau 11. – Évolution de la qualité bactériologique du jus de canne à sucre.

Bactéries	Jus 1	Jus 2	Jus 3
Aérobies totales	$7{,}7.10^5$	66.10^{11}	11.10^{12}
Aérobies sporulées	15.10^1	2.10^5	2.10^5
Leuconostoc	20.10^5	14.10^6	14.10^6
Lactobacillus	25.10^7	6.10^6	6.10^6
Anaérobies totales	11.10^4	2.10^6	NR
Anaérobies sporulées	4,5	NR	NR
BSR lactate +	0,6	NR	NR

Valeurs exprimées en unité formant colonie (ufc).
Jus 1 : jus de cannes saines broyées en atelier pilote, prélevé dès la fin du broyage.
Jus 2 : jus 1 prélevé 6 heures après le broyage.
Jus 3 : jus de canne prélevé en sucrerie.
NR : non recherché.
BSR : bactéries sulfato-réductrices.

et *Clostridium*), avec en surface des *Lactobacillus*. La flore totale est de l'ordre de 10^6 germes/g, elle peut atteindre 10^9 germes/g dans de mauvaises conditions de conservation.

Les eaux

Les bactéries des eaux de dilution et d'imbibition s'ajoutent à celles des matières premières. Ces eaux sont caractérisées par la présence de germes anaérotolérants, pathogènes du sol, comme les Coliformes, les Streptocoques fécaux, les *Clostridium*, les bactéries sulfato-réductrices (BSR).

Selon l'origine de l'eau, de surface (rivière) ou souterraine (nappe phréatique), sa bactériologie varie. En relation avec l'augmentation de leur minéralisation, on constate généralement que les eaux souterraines sont plus contaminées que les eaux de surface. Le stockage dans des lacs artificiels peut entraîner un enrichissement en bactéries anaérobies et en BSR (bactéries sulfato-réductrices). Les eaux stockées en bassins larges et peu profonds ou encore aérées avant utilisation ne subissent pas cet enrichissement.

La vinasse

Le recyclage de la vinasse, après stockage, comme diluant dans les milieux de fabrication du rhum grand arôme privilégie des germes sporulés, en particulier les *Clostridium*.

Dynamique des flores bactériennes

Au cours du cycle fermentaire des bactéries de types respiratoires différents se succèdent par l'effet des conditions de milieu, de façon plus marquée dans les milieux à base de jus de canne que ceux à base de mélasse. Des bactéries aérobies sont actives surtout au début, pendant la période de remplissage des cuves, qui peut durer 3 à 6 heures en distillerie agricole et être plus brève (1 à 2 heures) en distillerie de mélasse. Au cours du chargement des cuves de fermentation, les modalités sont telles (contact avec l'air, convection naturelle...), qu'il y a un apport d'oxygène dissout qui favorise le développement de bactéries aérobies, notamment des *Bacillus*, des Corynébactéries aérobies et des *Micrococcus* aérobies. Dans les moûts à base de jus de canne, les bactéries lactiques dominent. Puis, avec le développement de l'activité des levures de la fermentation alcoolique, des microaérophiles et des anaérobies vont se manifester. L'échauffement des cuves et la baisse de pH entraîneront des modifications de la flore banale comprenant essentiellement des Gram – et des aérobies. Il y subsistera principalement des germes lactiques et corynéformes.

Dans les milieux à base de jus de canne, il y a une nette diminution de la population en *Leuconostoc* tandis que celle des *Lactobacillus* et Corynébactéries se maintient. On peut avoir un accroissement des Propionibactéries (tabl. 12).

Tableau 12. – Évolution de la flore bactérienne au cours de la fermentation dans une distillerie agricole utilisant de l'eau de rivière pour les dilutions du jus de canne à sucre.

Type bactérien	Eau	Jus de canne	Jus de canne dilué	Début fermentation	Pleine fermentation	Fin de fermentation	Vinasse
Aérobies totales	95.10^2	6.10^{12}	85.10^{10}	46.10^6	78.10^3	16.10^2	NR
Aérobies sporulées	15	2.10^5	2.10^6	67.10^2	17.10^2	13.10^2	NR
Leuconostoc	7.10^2	2.10^7	8.10^6	1.10^3	2.10^2	$< 10^2$	NR
Lactobacillus	450	6.10^6	2.10^8	9.10^4	17.10^2	10^2	NR
Clostridium	25	20	10^3	25.10^2	7.10^3	25.10^3	< 5
Corynéformes aérobies	$< 10^2$	NR	NR	68.10^2	18.10^2	2.10^2	$< 10^2$
Corynéformes anaérobies	15.10^2	NR	NR	22.10^3	3.10^2	6.10^2	$< 10^2$
Propionibactéries	4.10^3	NR	NR	4.10^5	6.10^5	3.10^5	< 1
Bactéries sulfato-réductrices	70	< 5	< 5	< 1	< 1	< 1	< 1

Valeurs exprimées en unité formant colonie (ufc).
NR : non recherché.

Dans les milieux à base de mélasse, on observe la même évolution qualitative. Sur le plan quantitatif, les milieux fermentaires sont plus riches en Propionibactéries (10^5 à 10^7 germes par ml) que ceux à base de jus de canne (10^3 germes par ml).

Des conditions favorisant l'apport de terre (champ boueux, eau chargée) augmentent la flore d'origine tellurique : BSR, *Micrococcus, Clostridium* et *Bacillus* et les *Leuconostoc*.

Évolution de la flore en levure

Bryan HIGGINS, naturaliste Irlandais, fut le premier à s'intéresser d'une manière scientifique à la production rhumière à la Jamaïque. Son compte-rendu (1799-1803) fut considéré comme un guide. Environ un siècle plus tard, l'Anglais P. H. GREG, qui apprit la microbiologie avec les Danois HANSEN et JORGENSEN, fit des publications vers 1895.

Les observateurs privilégiés que furent GREG (1895) à la Jamaïque, PAIRAULT (1903) aux Antilles françaises, en particulier à la Martinique, ALLAN (1906) après GREG à la Jamaïque, suivi par ASHBY (1909), ainsi que KAYSER (1917) aux Antilles françaises, rapportent que les *Schizosaccharomyces* étaient les seules levures alcooligènes capables de se développer dans les milieux de fermentation à base de mélasse et de vinasse, dont l'acidité était due à l'apport de vinasse. La pression osmotique de ces milieux était peu favorable à l'activité des levures elliptiques présentes. Ces dernières (*Saccharomyces, Torula, Zygosaccharomyces...*) se manifestaient dans les milieux où l'apport de vinasse était peu important et/ou remplacé par de l'eau.

Acidification des moûts

PAIRAULT (1903) signale, qu'à la fin du siècle dernier, un grand nombre de distillateurs des Antilles françaises et de la Guyane anglaise ajoutaient à leur composition de petites quantités d'acide sulfurique, en vue d'obtenir des fermentations plus pures, afin de lutter contre les altérations bactériennes, au même titre que le sulfitage en œnologie. Cet acide ne distille pas aux conditions de travail en rhumerie et ne peut donc se retrouver dans les distillats. Cette pratique s'est actuellement généralisée, sauf dans le cas de la fabrication des rhums grand arôme.

Les bactéries de la fermentation rhumière

Les travaux antérieurs de bactériologie de la canne à sucre et de ses dérivés sont en nombre limité. Ils concernent parfois la technologie sucrière. OWEN

(1916) et Khur (1924), avant la seconde guerre mondiale, ont fait des travaux de systématique. Authier-Mayeux (1960) a inventorié la microflore de la canne à sucre. Elle a dénombré les germes et montré que les bactéries et les champignons sont quatre à cinq fois plus nombreux sur les feuilles de cannes non saines que sur celles qui sont normales. Après le broyage des cannes, elle a constaté une prédominance des coliformes dont *Aerobacter aerogenes*. Bevan et Bond (1971) ont dénombré 50 espèces de micro-organismes sur la tige de canne à sucre sur pied et 17 après brûlage de celle-ci. Cette flore comprend des levures, des bactéries et des champignons. *Leuconostoc, Xanthomonas* et *Aerobacter* dominent dans la flore bactérienne. Picard et Toribio (1972) ont étudié l'influence de divers micro-organismes présents sur la tige de canne à sucre, sur la conservation de celle-ci et du jus qui en est extrait.

D'autres travaux ont concerné les milieux fermentaires. Allan (1906) a fait des observations sur la flore bactérienne et les levures de fermentation alcoolique, à la Jamaïque. Arroyo (1945) a étudié la fermentation conduisant au rhum grand arôme et montre la contribution des *Clostridium* au bouquet des rhums grand arôme. Plus tard, Oshmyan (1961) et Nemoto et coll. (1975) se sont aussi intéressés aux *Clostridium* butyriques.

Nous avons fait un inventaire des flores bactériennes de rhumerie, en Martinique et en Guadeloupe entre 1974 et 1975 (Parfait et Ganou-Parfait, 1978). Nous avons étudié la physiologie des germes aérobies par rapport à la formation de produits secondaires (Ganou-Parfait, 1984 ; Ganou-Parfait et coll., 1986, 1987). Nous nous sommes intéressés à la bactériologie des eaux d'imbibition et de dilution (Ganou-Parfait et coll., 1991). Nos travaux actuels portent sur le contrôle de la présence et de l'activité des flores bactériennes.

Les bactéries aérobies

Micrococcus

Ce sont des aérobies fréquents dans le sol, sur les tiges de canne à sucre, dans le jus et en début de fermentation. Ils appartiennent pour la plupart à l'espèce *Micrococcus luteus*. Certains sont aptes à croître en anaérobiose. Il en résulte qu'ils demeurent présents pendant tout le processus fermentaire. Ils consomment les sucres en produisant des acides acétique, acrylique, isovalérique, isocaproïque. Ils synthétisent des alcools allylique, butanol, isobutanol, isopentanol et parfois du méthanol à partir du glycérol. La production d'alcool allylique et d'acide acrylique les rend indésirables.

Bacillus

Ce sont généralement des germes banaux de l'air ou telluriques ; ils sont abondants dans le jus des tiges de canne, au début de la fermentation. Les espèces identifiées sont :

- *Bacillus cereus,*
- *Bacillus megaterium,*
- *Bacillus sphaericus.*

Certaines souches sont capables de synthétiser des acides gras volatils divers à partir des sucres (acides acétique, propénoïque, isobutyrique, caproïque, propionique), des alcools supérieurs (propanol, butanol-2, isopentanol), du 2-3 butanediol. Elles transforment le glycérol en acide éthyl-2 méthyl-3-butyrique. Les souches de *Bacillus* forment quelquefois un voile à la surface des vins. Elles ne sont certainement pas souhaitables dans les fermentations industrielles. Mais, il est possible que les *Bacillus* assurent une certaine protection du vin, du fait de la formation de ce voile, durant la période qui sépare la fin de la fermentation de la distillation. Une conséquence indirecte de cette présence semble être la quasi-inexistence d'attaque des cuves à ciel ouvert par les *Acetobacter*, les *Gluconobacter*, *Zymomonas* consommatrices d'éthanol.

Bactéries corynéformes

Les bactéries corynéformes ou Corynébactéries des milieux fermentaires de rhumerie ont été étudiées par GANOU-PARFAIT (1984) et LENCREROT (1984). Leur identification taxonomique est difficile. Les types biologiques présents sont aérobies ou bien anaérobies. Ce grand groupe bactérien englobe plusieurs genres : *Corynebacterium, Brevibacterium, Microbacterium, Listeria, Kurthia* qui sont aérobies tout en tolérant une atmosphère saturée en CO_2. L'hétérogénéité des caractéristiques physiologiques et fermentaires des Corynébactéries ne permet pas de porter un jugement de valeur collectif.

Le saccharose, le glucose et le glycérol sont métabolisés en acides gras volatils avec une faible production d'éthanol et d'alcools supérieurs. Parmi les acides produits, notons la formation d'acide propionique et d'acide éthyl-2 méthyl-3 butyrique à partir du glycérol. Certaines souches peuvent consommer les alcools et produire de l'acroléine ; de telles souches sont à limiter dans les fermentations.

Les surpopulations de flores bactériennes aérobies peuvent être contrôlées en écoulant la phase de remplissage, et en ensemençant les moûts en levure de façon à être rapidement en phase fermentaire active. Les conditions généralement rencontrées en fermentation, où la phase aérobie représente 10 à 20 % de la durée du cycle et de la consommation du sucre disponible, pourraient expliquer les importantes pertes de rendement à cette étape de la fabrication rhumière.

Les bactéries microaérophiles

Bactéries lactiques

Elles ont la forme de coques (*Streptococcus, Leuconostoc, Pediococcus*) ou de bâtonnets (*Lactobacillus*). Elles sont aéroanaérobies facultativement ou microaérophiles. Mais CONDON (1983, 1987) a constaté un comportement d'anaérobie stricte de certaines espèces (*Lactobacillus plantarum, Lactobacillus cellobiosus*) ou d'aérobie stricte (*Streptococcus faecium*), selon le substrat de croissance (cellobiose pour le *plantarum*, glycérol, glucose pour les autres germes cités) et/ou d'autres conditions de l'environnement (température). Leur métabolisme est anaérobie et leur réaction métabolique en présence d'oxygène est quelquefois aberrante.

Leur caractéristique est de produire de l'acide lactique. Celles qui produisent principalement cet acide à partir des sucres sont homofermentaires (5) ; celles qui excrètent un mélange d'acide lactique, CO_2, éthanol, acide acétique sont hétérofermentaires (6).

$$\text{glucose} + 2Pi + 2\ ADP \longrightarrow 2\ \text{lactate} + 2\ ATP + 2\ H_2O \qquad (5)$$

$$\text{glucose} + Pi + ADP \longrightarrow \text{lactate} + \text{éthanol} + CO_2 + ATP + H_2O \qquad (6)$$

En fermentation rhumière, *Pediococcus* est très rarement rencontré. *Streptococcus faecalis, S. faecium* sont homofermentaires et contaminent l'eau de dilution des jus et des mélasses. Ce sont des indicateurs de la non potabilité de l'eau utilisée.

Les *Leuconostoc* hétérofermentaires identifiées sont :
- *L. dextranicum*,
- *L. paramesenteroides*,
- *L. mesenteroides*.

La flore des *Lactobacillus* comprend des hétérofermentaires et des homofermentaires :

- *Lactobacillus fermentum*,
- *L. fructivorans*,
- *L. hilgardii*,
- *L. leichmanii*,
- *L. salivarius*.

Beaucoup de bactéries lactiques homofermentaires peuvent également produire à partir du glucose : acides acétique et formique, CO_2, éthanol, acétoïne, diacétyle, 2-3 butanediol. En présence d'oxygène, quelques homofermentaires métabolisent le glycérol, le mannitol, le lactate. Cela ne se produit pas en absence d'oxygène.

Technologiquement, les bactéries lactiques hétérofermentaires sont dominantes dans la fermentation rhumière. Elles sont moins nombreuses dans les mélasses (50 bactéries par ml) et dans les vins de mélasse (10^2 à 10^6 bactéries par ml), que dans les jus non dilués de canne à sucre où elles sont très nombreuses (10^8 à 10^{12} bactéries/ml) ; *Lactobacillus* peut contaminer certaines eaux de fabrication avec en moyenne 10^2 bactéries/ml.

Les *Leuconostoc* sont responsables de la formation de dextrane dès l'atelier de broyage des cannes à sucre et dans les cuves. Ils peuvent provoquer de graves perturbations dans les fermentations à base de jus de canne et dans les sucreries. Ils se développent particulièrement lorsque les tiges de canne sont brûlées avant la récolte.

Des arrêts de la fermentation alcoolique surviennent lorsque le nombre et l'activité des bactéries lactiques deviennent trop importants dans la phase de préfermentation bloquant ainsi le déroulement de la fermentation alcoolique en inhibant les levures.

Dans des conditions normales d'activité, durant la fermentation alcoolique, l'acide lactique constitue un excellent substrat pour de nombreuses souches bactériennes : Corynébactéries aérobies, *Propionibacterium*, *Clostridium*, Bactéries sulfato-réductrices. La multiplication des bactéries lactiques favorise par la suite une succession de flores.

Corynéformes microaérophiles : Propionibacterium

Bactéries des fromages et des sols, elles semblent assez fréquentes dans les fermentations rhumières. Les souches de *Propionibacterium* fréquentes, d'origine alimentaire sont :

- *P. freudenreichii,*
- *P. acidi-propionici,*
- *P. jensenii.*

Ces *Propionibacterium* se développent mieux dans une atmosphère enrichie en CO_2. Elles donnent lieu à une fermentation propionique qui contribue à singulariser les rhums au sein des eaux-de-vie et expliquerait pourquoi les rhums en particulier, les rhums de mélasse sont riches en acide propionique (FAHRASMANE, 1983).

Les bactéries anaérobies

Clostridium

Ces bactéries sont amenées par la terre des tiges de canne à sucre et par l'eau de dilution. Ces bactéries anaérobies sporulées prolifèrent dès que le milieu est en anaérobiose et qu'une sélection de germes sporulés par les hautes températures intervient (réutilisation de vinasse dans les cuves de fermentation).

Dans les eaux, nous avons identifié principalement *Clostridium bifermentans*. Les milieux jus de canne en renferment fréquemment ainsi que des *Clostridium butyricum*. Dans les milieux à base de mélasse, nous retrouvons une plus grande variété de types biologiques : des *Clostridium* butyriques, des *Clostridium* pectinolytiques, des *Clostridium* qui utilisent le lactate, d'autres fortes productrices d'acide formique à partir du glucose.

Les métabolites les plus importants quantitativement, produits par ces bactéries en milieu synthétique, au laboratoire, sont d'abord l'acide acétique et l'acide propionique, puis l'acide butyrique. Certaines souches sont d'importantes productrices d'acide butyrique : 2 à 6 g/l (tabl. 13). *Clostridium bifermentans* synthétise à partir du glucose de grandes quantités d'acide formique.

Bactéries sulfato-réductrices ou *BSR*

Ce sont des germes anaérobies d'origine tellurique qui contaminent en général l'eau de dilution, les matières premières. Ils ont été peu étudiés pour l'instant, consomment l'acide lactique et l'acide acétique des milieux de fermentation, en présence d'ions sulfates. Ils sont impliqués dans la formation de H_2S et de composés soufrés dans les milieux fermentaires et dans les rhums.

                  Principes techniques de fabrication et typologie du rhum

Tableau 13. – Production d'acides gras volatils (mg/l) par diverses bactéries cultivées en milieu synthétique avec les substrats saccharose, glucose.

Bactéries	Acides			
	acétique	propionique	butyrique	isobutyrique
B2 *Bacillus*				
Saccharose	210	0,7	5	74
Glucose	466	7	6	39
B6 *Bacillus*				
Saccharose	268	112	0	11
Glucose	727	149	0	0
M21 *Micrococcus*				
Saccharose	345	4	1	4
Glucose	394	0	212	4
C4 *Bacillus*				
Saccharose	13	0	0	0
Glucose	3	0	T	0
M18 *Micrococcus*				
Saccharose	38	T	7	2
Glucose	267	T	7	T
G9 *Corynebacterium*				
Saccharose	83	0	8	T
Glucose	56	0	8	T
G2 *Corynebacterium*				
Saccharose	7	0	8	T
Glucose	26	0	T	T
C3 *Microbacterium*				
Saccharose	147	T	7	T
Glucose	117	0	7	70
Clost. butyricum				
Saccharose	0	74	0	0
Glucose	305	51	0	0
Clost. bifermentans				
Saccharose	281	15	2 526	0
Glucose	392	25	2 776	508
Clost. acetobutylicum				
Saccharose	949	50	5 933	0
Glucose	620	18	2 248	0

Clost. : Clostridium. T : Traces

Conclusion

Le contrôle de la température, le choix de bonnes conditions opératoires (densité de chargement, acidification adéquate...) et l'utilisation de levures sélectionnées permettent une fermentation active avec un temps de latence réduit. Ce sont des clés du contrôle bactérien, laissant la place à une expression bactérienne positive à l'égard de la qualité et de l'authenticité des produits.

Les levures de fermentation alcoolique apportées suivant un itinéraire technique rationnel ont une efficacité optimisée. Nos résultats de sélection de levures de rhumerie privilégient des souches du terroir. Elles constituent avant tout un facteur d'efficacité technologique. Cependant la levure a une part dans la synthèse de composants et de précurseurs d'arôme. C'est par exemple le cas dans la formation des acides gras volatils, dont la synthèse est modulée, en fonction de la souche, par la teneur en acide citrique de la matière première (FAHRASMANE et coll., 1985). Nous poursuivons un travail de sélection de levure de rhumerie en prenant en considération des nuances aromatiques liées aux levures.

Évolution de la microbiologie et des pratiques en fermentation

L'ensemencement spontané fut, jusqu'au XIXe siècle, la méthode la plus utilisée pour amorcer les fermentations alcooliques rhumières. Ce procédé présentait l'avantage de donner des rhums plus corsés et plus aromatiques que les fermentations rapides en culture pure. Il présente aussi de sérieux inconvénients, les fermentations sont longues et irrégulières, la qualité des produits est variable. Quelques rares unités travaillent encore avec cette méthode d'ensemencement.

L'ensemencement au levain naturel est une autre méthode qui fut pratiquée dès le début du XIXe siècle pour ensemencer les cuves au début de la campagne rhumière. PORTER, en 1830, signale que certains distillateurs trempaient des étoffes de laine dans la mousse à la surface des moûts ; ils les séchaient soigneusement et les conservaient dans le but de les introduire dans les cuves au début de la campagne rhumière suivante. D'une autre façon, on composait un moût de mélasse ou de jus de canne, dans lequel on faisait macérer de la bagasse, en y ajoutant quelquefois de l'acidité naturelle (fruits : agrumes) ou minérale (acide sulfurique). On obtenait ainsi des levains naturels plus ou moins purs. Cette méthode n'est plus mise en œuvre.

Ce n'est, bien sûr, que suite aux travaux de PASTEUR (1822-1895), qu'une vague hygiéniste, au début du XXe siècle, concerna aussi l'industrie rhumière et provoqua de forts remous. Dès 1891, G. LANDES, professeur d'"histoire naturelle" au lycée de Saint-Pierre à la Martinique, préconisait l'application à la rhumerie des procédés de fermentation en culture pure et prenait un brevet pour un appareil destiné à la multiplication des levures. Il essuya des objections de la part des distillateurs. Celles-ci étaient caractérisées par deux aspects :

– la satisfaction des distillateurs des conditions technico-économiques de l'époque,
– la conviction de la maîtrise d'une qualité des produits qui risquait d'être exportée dans les îles voisines si on avait recours aux levures pures.

Par la suite, dans les premières années de notre siècle, PAIRAULT (1903) conclut à la nécessité de remplacer les fermentations spontanées par des

$\longrightarrow$

fermentations pures. KAYSER effectua en 1913 une étude détaillée des levures de rhum, il prôna par la suite la fermentation pure avec des levures sélectionnées. Le souci d'améliorer la productivité était l'élément déterminant pour ces investigateurs qui pensaient que la flore bactérienne n'était que préjudiciable à la fermentation rhumière. En opposition, des chimistes ALLAN (1906) et ASHBY (1907) attribuèrent aux bactéries une part importante dans la formation du bouquet des rhums grand arôme.

ARROYO (1945), à Porto-Rico, considérait que les controverses, sur l'ensemencement des milieux de fermentation et l'importance des bactéries dans l'élaboration des rhums, étaient dues à des malentendus et à des généralisations trop hâtives, car l'on semblait ne pas assez tenir compte des objectifs de production par rapport aux propriétés organoleptiques, pour déterminer l'opportunité des modifications de l'étape fermentaire. Aussi, il considérait que certaines espèces bactériennes, présentes dans certaines limites, selon le type de rhum fabriqué, influaient favorablement sur le volume et la persistance du bouquet du produit.

L'application des mesures préconisées par PAIRAULT et KAYSER, relatives aux fermentations pures, entraînèrent des modifications de conduite des fermentations. L'emploi de levain, en culture pure, de levures acclimatées à certains antiseptiques se répandit. Cette méthode donnait lieu à une culture de levure qui permettait de maîtriser la présence et l'activité d'une souche seule, provenant de laboratoires spécialisés. On employait des cuves-mères ou appareils à levain, dans lesquels étaient introduits des moûts pasteurisés ou stérilisés ; la température était contrôlée ; divers dispositifs assuraient l'aération du moût. Généralement, une quantité de levain, entre 5 à 10 % du volume à faire fermenter, était introduite dans les cuves de fermentation ; une proportion plus importante de levain, en particulier dans le cas de cuves de forte capacité, pouvait entraîner une élévation trop forte de la température.

Le coupage, qui consiste à utiliser chacune des cuves de fermentation comme cuve-mère pour fournir le volume de levain (un pied) nécessaire à l'ensemencement des cuves suivantes, était souvent mis en œuvre, après que la première cuve de fermentation ait été ensemencée avec une flore contrôlée.

L'application des recommandations de KAISER et PAIRAULT ne dura qu'un temps aux Antilles françaises. En effet, si les rendements furent améliorés, par contre la qualité des produits fut sensiblement diminuée ; ils étaient de plus en plus neutres, plus fins, mais trouvés trop légers. ROCQUES (1927), chargé par le ministère de l'Agriculture de faire une enquête, concluait que "les rhums issus des fermentations pures et rapides se caractérisaient par leur faiblesse en acides et en éthers et par leur teneur relativement élevée en alcools supérieurs". La plupart des producteurs revinrent aux fermentations spontanées qui permettaient d'obtenir des rhums plus corsés, à bouquet plus intense et plus caractéristique.

De la canne au rhum

C'est par une succession d'opérations obéissant à des règles établies depuis fort longtemps (cf. chapitres précédents) que le rhum est élaboré aujourd'hui à l'échelle industrielle.

Ce cahier évoque les différentes phases qui font appel à la main de l'homme et à l'appui technique des machines...

- coupe et collecte des tiges
- transport jusqu'à la distillerie
- broyage
- extraction du jus
- convoyage de la bagasse
- filtration du jus
- fermentation
- distillation
- stockage, maturation
- vieillissement en fûts
- mise en bouteilles.

De la terre

*Fleur de canne à sucre
en fin de phase végétative*

*Jeunes tiges
de canne à sucre*

*Tige De canne à sucre
adulte, gardant
les feuilles sèches*

à l'usine

De la charrette à bœufs .... au chariot motorisé

... les cannes à sucre sont récoltées,
puis conduites vers les moulins de broyage.

Processus

Une distillerie

Colonnes à distiller

industriel

*Imbibition du broyat
sur la chaîne
d'extraction du jus*

*Convoyage
de la bagasse
après extraction du jus*

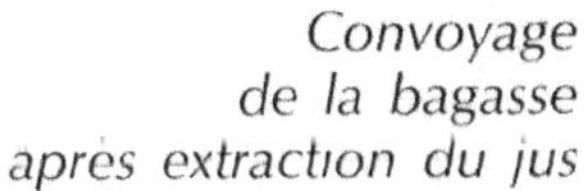

*Dispositif
de filtration du jus*

Maturation

*Cuve en fin de remplissage
et en cours de fermentation*

*Cuve en fin
de cycle fermentaire*

Production

*Foudre de stockage
pour la maturation*

*Rayonnages de fûts
de vieillissement*

Commercialisation

Martinique   et   Guadeloupe

*Quelques exemples de production
de rhum aux étiquettes colorées, évocatrices...*

CHAPITRE V

La distillation

Historique

L'art de la distillation daterait de plus de trois mille ans, et l'on pense que les Perses l'auraient découvert et mis en œuvre pour fabriquer de l'eau de rose. Les premiers véritables appareils à distiller furent conçus par les coptes d'Alexandrie et les chrétiens d'Egypte.

L'apparition des eaux-de-vie semble avoir été précédée par celle de la parfumerie alcoolique. Cette dernière débuta avec le médecin, philosophe et alchimiste arabe RHASES (864 ~ 932) ; vers 1360 apparut l'eau de Hongrie à base de romarin. La parfumerie se développa avec Jean-Antoine FARINA (1685-1766), chimiste Italien qui fabriqua l'eau de Cologne, créée par son oncle Jean-Paul FEMINIS en 1690.

L'eau-de-vie de vin apparut en Europe, comme un médicament, un élixir de vie, avec Arnaud de VILLENEUVE (1235-1313) et Raymond de LULLE (1233-1315). En 1624, s'organisa en France la corporation des distillateurs, pour la fabrication et la vente des eaux-de-vie. Sous l'influence des Hollandais et des Anglais au XVIIe siècle, la distillation du vin au moyen de l'alambic devint une activité rurale courante. En effet, ils trouvèrent plus avantageux d'importer le produit des vignobles de Saintonge, d'Aunis et d'Angoumois sous forme d'eau-de-vie inaltérable, représentant un volume réduit, moins coûteux à transporter. Le développement et la commercialisation du cognac et de l'armagnac sont dus essentiellement à cette influence. Le cognac a établi sa réputation vers le milieu du XVIIe siècle. Le commerce hollandais ne se limitant pas à la France, on vit apparaître, outre le cognac et l'armagnac en France, le whisky, le gin en Angleterre et en Hollande, la vodka, et enfin aux Amériques, le whisky et le rhum. Dès 1670, à Staten Island, une rhumerie avait été créée par un nommé William KIEFT ; on y distillait des produits à base de mélasse. Au Québec, après la conquête anglaise, en 1767 James GRANT avait établi une rhumerie, la mélasse arrivait des Antilles par bateau. N'oublions pas que le Père du TERTRE qui fit plusieurs séjours aux Antilles, entre 1640 et 1657, fut l'un des premiers à parler de l'alcoolisation de la canne à sucre. A partir du XVIIIe siècle, la distillation du vin devint en France une activité prospère.

La distillation rhumière

La distillation est une opération importante dans la fabrication des eaux-de-vie, bien qu'elle soit souvent prévue comme une étape obligatoire, purement technique, dont les critères de réussite se limitent à l'épuisement complet en alcool. En fait elle a pour but de séparer des odeurs et des saveurs agréables des mauvais goûts parmi les substances contenues dans le vin de canne qui est pratiquement imbuvable, aigre et peu alcoolisé.

Les premiers appareils à distiller mis en place ont été des alambics discontinus (fig. 11 a). La plupart était constituée d'une chaudière en cuivre, surmontée d'un chapiteau en cuivre ; le temps de séjour des moûts fermentés était important ; ce qui favorisait les estérifications. On opérait par repasse. C'était le seul type de distillation pratiqué jusqu'au début du XVIIIe siècle. Ces appareils permettaient l'élimination des composés volatils négatifs de "têtes", soufrés et aminés, et une partie des composés très lourds constituant les "queues". "La qualité des produits obtenus était souvent médiocre ou franchement mauvaise" ; cela tenait à la qualité inférieure des matières premières employées, au peu de soin apporté aux fermentations, à la non rectification des distillats qui aurait été nécessaire pour éliminer les substances responsables de mauvais goûts. LE NORMAND (1817) écrivit dans son traité de l'*Art du distillateur des eaux-de-vie et des esprits*, "Le rhum de la meilleure qualité est celui qui est fait seulement avec les mélasses ; mais celui dans la fermentation duquel on laisse les débris de la canne à sucre, les écumes... conserve toujours une pointe acide désagréable et contracte souvent le goût d'empyreume ; ce qui fait qu'on le rejette du commerce..."

Au cours du XVIIIe siècle, on commence à utiliser des dispositifs permettant d'obtenir une eau-de-vie marchande au premier jet.

Le passage des alambics discontinus aux alambics continus et colonnes à rhum simples ne permet plus l'extraction, de façon significative, des têtes et des queues. Les eaux-de-vie obtenues sont "entières", écrit COGAT (1994).

L'accroissement de la consommation d'alcool dans les classes populaires, le libéralisme économique, les crises phylloxériques qui frappèrent les eaux-de-vie de vin catalysèrent, au cours du XIXe siècle, un essor important de l'industrie rhumière. La production était restée relativement faible jusque vers le début du XIXe siècle : 3 à 4 millions de litres en moyenne par an pour la Martinique, la Guadeloupe et la Guyane réunies ; elle dépassa les 21 millions de litres en 1892. Parallèlement à cet accroissement, des modifications profondes ont affecté la structure de l'industrie rhumière et les techniques de fabrication.

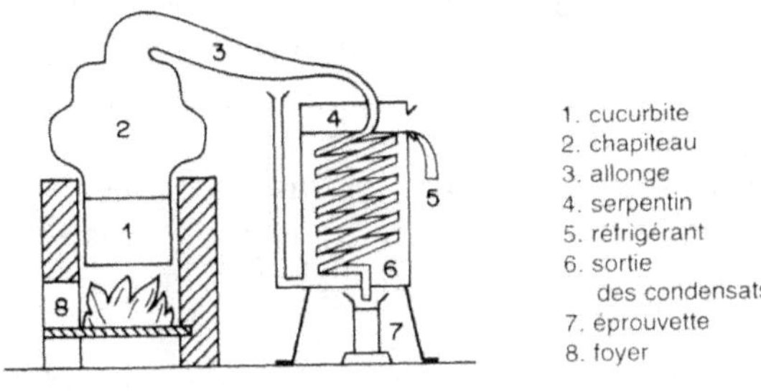

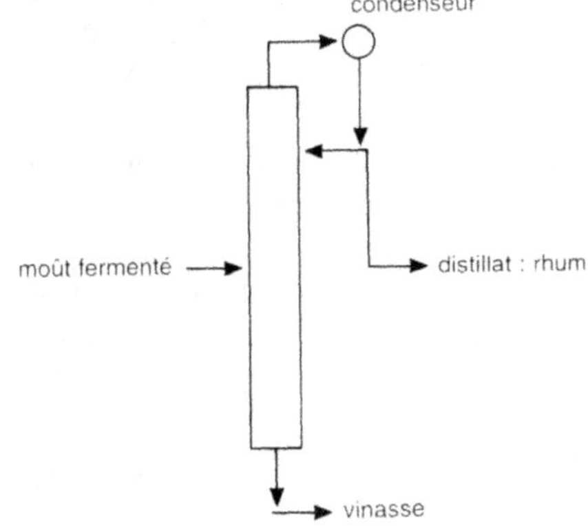

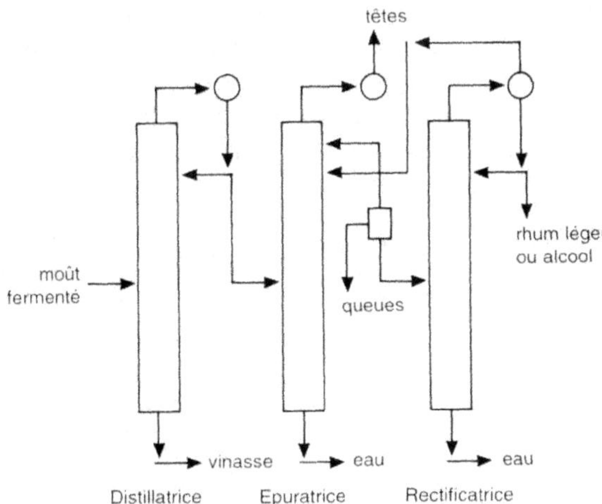

Figure 11. – Différents types de dispositif de distillation en rhumerie.

Les rhums des campagnes d'Haïti sont distillés suivant le système charentais, à repasse. Une première distillation du jus fermenté de la canne donne au premier jet un liquide faiblement alcoolisé, le *clairin* ; il titre 25 à 35 % (vol.) en éthanol et est fortement chargé en produits secondaires. Il est vendu tel quel aux consommateurs locaux, ou peut encore être l'objet d'une seconde distillation par repasse, pour donner un distillat épuré. Ce processus peut être considéré comme la survivance des productions antillaises du XVII⁰ siècle, avant que les colonnes continues ne s'imposent. Le produit de la seconde distillation titre 60 % (vol.) en éthanol. Cette méthode de distillation est aussi dite du *Père Labat.*

Des contraintes de prix et de quantité de rhum à produire conduisirent à la mise en place, en outre des alambics sans repasse, de colonnes simples (fig. 11 b), de type créole (fig. 12) pour augmenter la productivité, et cela dès 1818 à Saint-Pierre à la Martinique. Les colonnes créoles permettent de distiller des vins, ou moûts fermentés, contenant 4 à 5 % (vol.) d'éthanol. Ordinairement elles comportent 3 à 5 plateaux en concentration ; ce qui permet d'obtenir au coulage des distillats à 60-70 % (vol.) d'éthanol. Le rhum qui est tiré à trop haut degré perd de ses qualités aromatiques. La partie épuisement doit comporter au moins 15 plateaux pour qu'il n'y ait pas de pertes d'alcool dans les vinasses. Chaque année ces colonnes doivent être démontées pour un nettoyage. Toute la partie épuisement (soubassement, tronçons et plateaux) peut être en inox, mais il est très important que la partie concentration (plateaux et col de cygne) soit en cuivre. La catalyse oxydative du cuivre à l'égard des produits soufrés a été mise en évidence. Ce type de dispositif de distillation se généralisa aux Antilles françaises vers 1880 ; il ne permet plus l'extraction des têtes et des queues de façon significative. Ainsi les eaux-de-vie obtenues reflètent la qualité du moût fermenté, sans possibilité de correction des défauts organoleptiques. Les perfectionnements apportés plus tard aux appareils : optimisation du fractionnement, dispositif à colonne multiple (fig. 11 c)... permettront d'obtenir des produits à caractère léger, exempts de mauvais goûts, mais aussi dépouillés des esters volatils intéressants.

COGAT (1994) avance qu'il est possible d'éliminer les composés négatifs de l'arôme de façon distincte sans réduire sensiblement les esters volatils et qu'il est possible d'équilibrer à volonté le profil aromatique des eaux-de-vie par la technique de recomposition. Cette dernière s'effectue par des extractions partielles ou permanentes, le long de la colonne ; elles sont suivies de réincorporations qui sont importantes pour des rhums traditionnels, ou partielles et sélectives pour l'obtention de rhums légers au profil aromatique spécifique.

D'autres façons innovantes de travailler peuvent être mises en œuvre (ESCUDIER, 1994). La distillation à pression réduite qui permet d'abaisser les températures d'ébullition et donc de protéger certaines substances aromatiques thermosensibles peut être utilisée. Elle permet de mieux exprimer les notes aromatiques de tête d'origine primaire, de la canne à

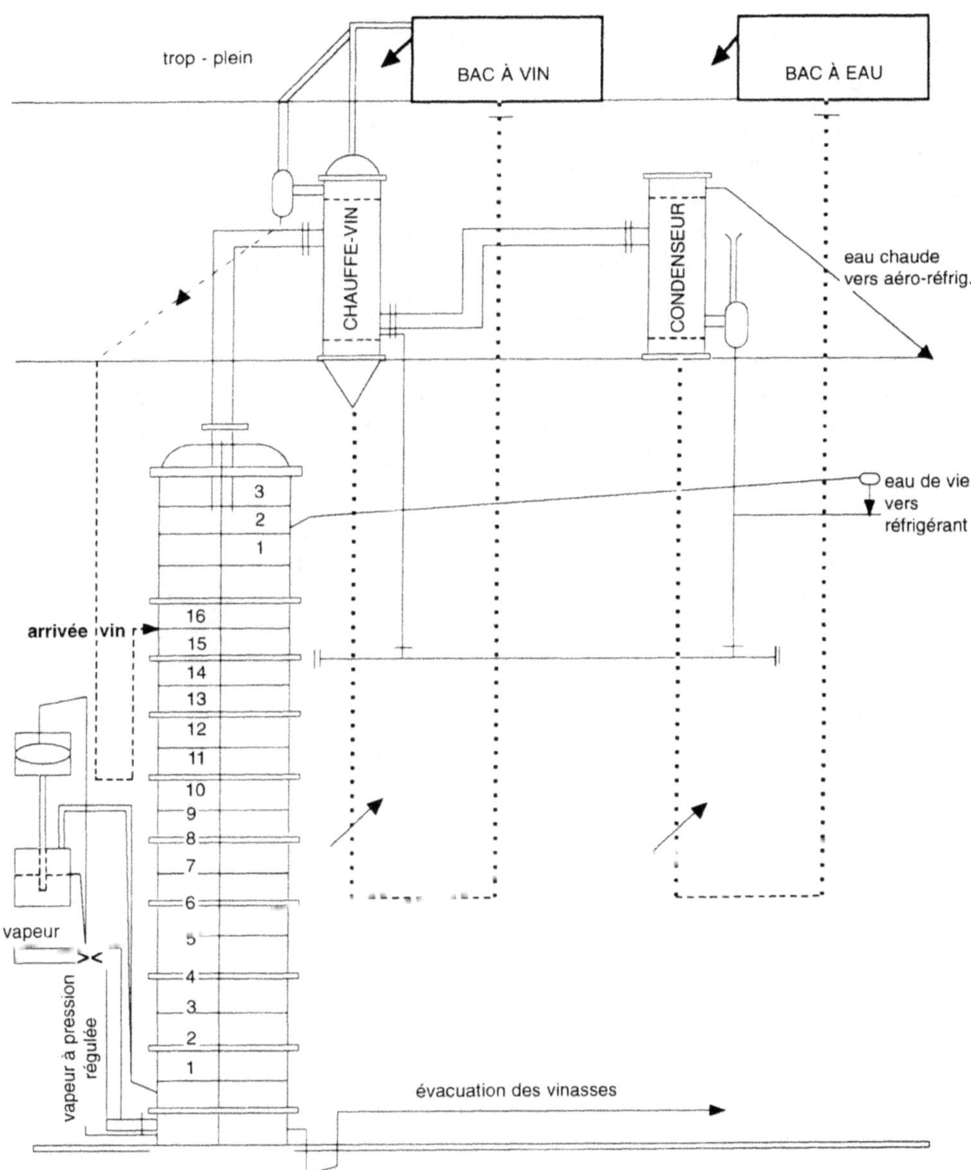

Figure 12. – Colonne créole traditionnelle.

sucre. La pervaporation, technique séparative par membrane, l'osmose inverse et l'osmose directe sont aussi des perspectives intéressantes de tri des composés volatils. L'extraction sélective permet d'équilibrer le produit final pour lui donner une grande finesse et une meilleure expression des notes de la typicité des rhums aromatiques dans lesquels l'éthanol n'est qu'un vecteur d'arôme.

La vinasse effluent post-distillatoire

La distillation des milieux fermentés de rhumerie engendre des rejets, des eaux résiduaires, la vinasse, qui contient une charge polluante. Les flux de pollution engendrés par la distillation d'alcool de mélasse de canne sont particulièrement élevés : 950 à 1 900 kg DCO/m³ d'alcool pur (AP) produit, soit une charge polluante de 13 à 26 000 équivalents habitant jour/m³ AP produit. La distillation de rhum agricole représente des charges de pollution six fois moins importantes : 250 kg/DCO/m³ AP, soit 3 000 équivalents habitant jour/m³ AP produit (BORIES et coll., 1994).

Lorsque la charge organique des eaux résiduaires des industries agro-alimentaires, telles que la distillerie, est déversée sans précaution dans le milieu naturel, elle y provoque différentes formes d'inconvénients, dont les plus caractéristiques sont la polllution des eaux et la pollution par les odeurs accompagnées des nuisances qu'elles induisent (NAMORY, 1994).

Diverses filières ont été proposées pour l'élimination ou le traitement des vinasses : évaporation-incinération, épandage-irrigation, lagunage anaérobie, production de biomasse microbienne, digestion anaérobie méthanique. Cette dernière filière est un processus biologique naturel qui consomme et réduit la pollution organique. Son application dans des stations d'épuration, aux effluents agro-alimentaires, permet en même temps la production de biogaz combustible.

A la Guadeloupe, dans une importante distillerie, la vinasse de mélasse fait l'objet d'une digestion anaérobie qui permet de faire dans des conditions normales de fonctionnement :

– une dépollution avec 60 % de la DCO éliminée,

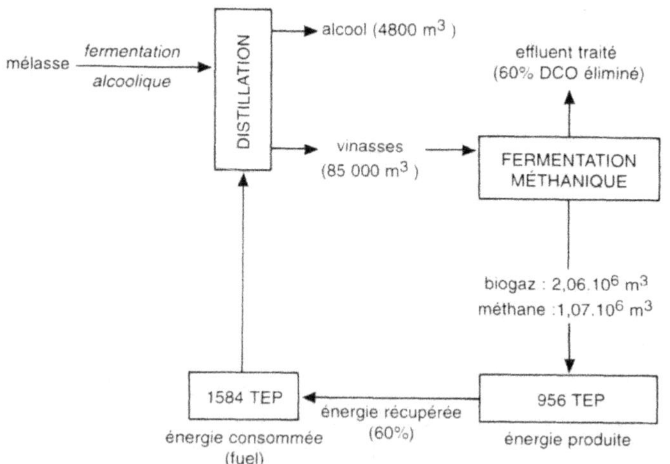

Figure 13. – Bilan annuel du réacteur de digestion méthanique de Bonne-Mère (Guadeloupe).

Le traitement des effluents de la distillerie

Les industries agro-alimentaires sont fortement polluantes en matière organique. Elles sont soumises à une réglementation de plus en plus contraignante sur la composition des rejets.

La méthanisation ou digestion anaérobie (en l'absence d'oxygène) est le résultat de l'activité naturelle de micro-organismes de notre environnement (sol, eau stagnante...) qui agissent en se nourrissant du carbone. Ce phénomène naturel est utilisé en tant que procédé biotechnologique pour l'épuration des eaux usées chargées (plus de 1 000 mg de DCO/l), telles que la vinasse.

La digestion anaérobie a pour principe de transformer la matière organique en méthane et en CO_2 au cours d'une succession de réactions par un écosystème bactérien complexe, en produisant peu de boues (bactéries mortes).

L'application de la digestion anaérobie, en réacteur à biomasse fixée, permet d'épurer des effluents de manière simple et peu coûteuse en investissement, tout en obtenant des rendements épuratoires de plus de 90 % et une production de biogaz valorisable en tant que combustible.

Dans une première phase, il y a hydrolyse des grosses molécules (lipides, glucides, protéines...) en monomères par l'action de bactéries hydrolytiques. La résistance de certaines molécules à l'hydrolyse rend cette étape limitante.

Les monomères provenant de l'étape précédente et ceux contenus dans les effluents traités sont fermentés en acides gras volatils (acides acétique, propionique, butyrique, valérique...), au cours d'une seconde étape d'acidogenèse qui est l'œuvre de *Clostridium, Bacillus*, de propionibactéries... Cette étape est 30 à 40 fois plus rapide que l'hydrolyse.

L'acétogenèse est l'étape suivante au cours de laquelle les acides provenant de l'acidogenèse sont transformés en acétate, formiate, hydrogène et gaz carbonique, précurseurs du méthane. Trois groupes de bactéries interviennent :

– des bactéries homo-acétogènes qui ont une production exclusive d'acétate ; ce sont des *Clostridium, Acetobacter, Sporomusa...* ;
– des bactéries syntrophes (*Syntrophomonas, Syntrophobacter*) qui métabolisent l'éthanol, le propionate, le butyrate ;
– des bactéries sulfato-réductrices (BSR) qui réduisent le sulfate en hydrogène sulfuré ; elles peuvent métaboliser le lactate et les acides gras volatils.

La méthanogenèse est l'étape ultime de la fermentation méthanique. Les bactéries méthanogènes métabolisent essentiellement l'acétate, l'hydrogène et le CO_2. Un premier groupe (les méthanogènes acétoclastes) métabolise l'acétate et est à l'origine de 70 % du méthane produit. Un second groupe (les hydrogénophiles) métabolise le CO_2 et l'hydrogène.

$\longrightarrow$

> Un kilogramme de matière organique ayant la composition du glucose, totalement transformé en biogaz, génère théoriquement 814 litres de biogaz (dans des conditions normales de température et de pression), composé d'une part égale de méthane et de gaz carbonique.
>
> La digestion anaérobie utilise une partie de la matière organique (10 à 15 %) pour faire de la biomasse microbienne.
>
> Les réacteurs sont de tailles très variables : de quelques centaines de litres au niveau domestique, à quelques milliers de m³ au niveau industriel.
>
> Le traitement des eaux usées est le seul domaine où les procédés continus prédominent ; ceux-ci représentent de loin la plus grande industrie microbiologique en termes de volumes traités. Ce sont des processus à un ou plusieurs étages. Les réacteurs peuvent être remplis par des supports (filtre anaérobie) ou à lit fluidisé.

– une production d'énergie : du biogaz représentant 60 % des besoins énergétiques de la distillerie (BORIES et coll., 1988) (fig. 13).

Des essais pilotes permettent d'observer une élimination de plus de 95 % de la DCO de vinasses de jus de canne par digestion anaérobie (BORIES et coll., 1994). Le biogaz produit présente un intérêt très limité pour la distillerie agricole, car elle dispose de bagasse comme combustible.

La fermentation méthanique

C'est une voie d'utilisation par des micro-organismes (bactéries) de la matière organique. Lorsqu'on fait fermenter des déchets organiques dans un fermenteur clos, anaérobie, il se développe un complexe de plusieurs types bactériens qui produit un mélange gazeux combustible contenant du méthane, utilisable pour alimenter une cuisinière, produire de l'électricité, faire tourner un moteur. C'est en 1776 que VOLTA découvrit le premier le méthane ou "gaz des marais". Ce processus fermentaire est utilisé pour dépolluer les vinasses de rhumerie.

CHAPITRE VI

Maturation et vieillissement

La maturation

La maturation est une étape indispensable dans l'élaboration des rhums. C'est un processus permettant à un produit d'atteindre son optimum d'acceptabilité. Ce n'est pas un processus pour transformer ou convertir mais pour développer et renforcer des caractéristiques latentes héritées des étapes précédentes. Les rhums fraîchement distillés possèdent une certaine agressivité : une saveur brûlante due à leur degré alcoolique élevé, une sécheresse caractéristique, un arôme manquant d'harmonie et de complexité, avec une note de "chaudière" plus ou moins marquée. Malgré cette "jeunesse" organoleptique, ces rhums sont parfois livrés directement à la consommation après une simple dilution avec de l'eau distillée, au degré alcoolique marchand. Ils servent alors, le plus souvent, de base à des boissons (punch, planteur, cocktail...) dont les ingrédients divers masquent leurs caractères sensoriels négatifs.

Diverses opérations sont effectuées au cours de la maturation. Il y a celles où intervient le temps ; c'est notamment le vieillissement avec les phénomènes qui l'accompagnent, tels que l'oxydation et d'autres indépendants du temps (assemblage, coloration, clarification).

Après une maturation de quelques semaines en cuve d'acier inoxydable et brassage, pour éliminer les composés les plus volatils, on obtient la gamme des rhums blancs, dont certains sont obtenus par décoloration de distillats ayant séjourné dans des contenants en bois.

La maturation est quelquefois effectuée en foudre de chêne de 5 000 à 50 000 litres pendant quelques mois. Une légère coloration est obtenue dans ce cas et les propriétés organoleptiques du produit qui en est issu tient à la fois du rhum blanc et du rhum vieux : c'est le rhum paille.

Techniques de vieillissement

Seule la conservation des rhums en fûts leur permet d'acquérir l'ensemble des qualités organoleptiques et analytiques qui caractérisent les rhums vieux.

Généralement, le distillat est soumis à un vieillissement en fut de chêne de capacité variable suivant les pays (180-650 litres). Durant le vieillissement qui dure assez souvent au moins trois ans, il se produit d'une part des processus physiques : diminution du volume par évaporation, modification du degré alcoolique, dissolution de principes chimiques du bois ; d'autre part des réactions chimiques : oxydation, estérification, polymérisation. Toutes ces modifications tendent à bonifier le produit et à le colorer. La transformation du goût, du parfum, de la couleur, habituellement recherchée dans un long stockage en fûts, est due à de multiples réactions, ayant pour facteurs :

- l'oxygène de l'air,
- les matières extractibles des douelles des barriques.

Le bois permet une double action :

- il laisse l'oxygène de l'air agir sur les composants chimiques des spiritueux et les matières extractibles en dissolution. Grâce à la texture même de ses fibres, l'air peut entrer en contact avec le liquide logé dans les fûts. La bonde elle-même, fermeture incomplète, augmente la possibilité d'oxydation ;
- il apporte les matières extractibles contenues dans les douelles des fûts. C'est là un rôle d'une importance capitale. Car même si on refoule de l'air dans une eau-de-vie blanche logée en cuve verrée pour lui donner un maximum de contact avec l'oxygène, cette eau-de-vie ne prendra jamais, quels que soient la durée de l'insufflation ou le prolongement du stockage, ni couleur, ni aucun des avantages gustatifs et olfactifs donnés par un séjour en fûts.

Les spiritueux vieillis acquièrent leur qualité grâce aux matières extractibles du bois. L'épuisement de ces substances solubles est normalement confié aux seuls spiritueux qui doivent les extraire eux-mêmes des parois des fûts durant le stockage. C'est une action s'étendant sur de longues années. Au cours du stockage, sous l'influence de l'évaporation, les spiritueux perdent de leur volume et de leur force alcoolique. C'est cet abaissement en degrés qui va favoriser l'épuisement des parois cellulaires du bois. Les principes extractibles qu'elles contiennent sont solubles, selon leur nature, à des forces alcooliques variées. Chacune de ces substances rencontre donc, au cours du vieillissement, ses conditions optima de dissolution. Par exemple, citons les substances tanniques qui seront les premières dissoutes, du fait de leur solubilité à forts degrés ; puis, plus tard, après un abaissement alcoolique, ce seront les lignines ; enfin ce sera le tour des hémicelluloses.

Donc, au cours du vieillissement en fûts, le bois ne fait pas l'objet d'une extraction, mais d'une suite d'extractions à des degrés alcooliques de plus en plus faibles.

Obtention et utilisation de boisés

Les chênes qui conviennent pour leur espèce et leur âge à la tonnellerie sont délignés. Les cœurs seuls sont ensuite soumis, pendant plusieurs années, à un séchage à l'air libre. Grâce à un nombre déterminé d'épuisements, à des forces alcooliques chaque fois différentes, on retire du bois tous les principes naturels solubles dans l'alcool. L'extrait ou boisé se présente sous une forme pulvérulente ; il contient en forte concentration les mêmes éléments végétaux que les fûts neufs donnent lentement aux spiritueux. La dissolution de quelques grammes, facile et complète à tous degrés, suffirait pour produire les mêmes effets que le travail d'extraction habituellement demandé aux spiritueux. Il pourrait en résulter un important gain de temps sur la durée de stockage.

L'INRA et le CRITT BAC, en association avec des distilleries de Marie-Galante, ont en cours une étude sur les itinéraires de vieillissement des rhums qui tient compte de l'apport de boisés.

Préparation à la vente

C'est une opération en plusieurs étapes.

La coloration

Le rhum est livré à la consommation, soit incolore (rhums blancs, clairin, ron carta blanca), soit légèrement teinté (rhum paille) ; généralement le rhum est coloré. La couleur provient des matières extractibles des fûts ou de l'addition de caramel.

La réduction

Les distillats bruts titrent généralement 60-80 % vol. en éthanol ; il est nécessaire de les couper avec de l'eau pour les ramener au degré marchand. L'eau employée doit être aussi pure que possible, exempte de mauvais goûts, de sels et d'odeurs. La réduction est faite avant ou après vieillissement ou encore en deux temps.

L'assemblage (Blend)

Cette opération répond au souci de commercialiser un produit toujours égal à lui-même, de corriger, d'améliorer le bouquet de différents lots de fabrication en faisant des mélanges appropriés de façon à obtenir des qualités recherchées par le consommateur.

La clarification

Elle se fait par filtration ou collage.

La décoloration

Elle est effectuée avec du charbon généralement, sur des distillats ayant séjourné en vaisseaux de bois afin d'obtenir des rhums blancs.

TROISIEME PARTIE

Le rhum
aujourd'hui

Le rhum bénéficie d'images liées à l'histoire de certains lieux, et qui donc en appelle au passé.

La structuration des marchés à travers la CEE, qui fournit un cadre dans lequel s'inscrit le rhum, et le souci croissant des consommateurs en matière de santé et de nutrition font qu'il est nécessaire pour le rhum des Antilles françaises, en particulier, de se positionner sur les marchés européens, en associant à ses images traditionnelles des critères nouveaux, pertinents pour les consommateurs, mettant en valeur ses spécificités et ses qualités.

CHAPITRE VII

Le rhum,
données économiques
et typologie

Structure des unités rhumières

L'industrie rhumière peut être classée significativement en trois catégories :
- l'artisanat rhumier,
- l'industrie de tradition ancienne,
- l'industrie de création récente (A.E. BAULT, 1984).

L'artisanat rhumier est un artisanat familial qui peut être archaïque (Haïti, distillation en alambic avec repasse) ou qui s'est quelque peu modernisé pour augmenter sa production afin d'exporter (Guadeloupe, Martinique). Son origine est liée à la recherche des nouvelles voies de valorisation de la canne à sucre au XIXe siècle. Elle utilise comme matière première principalement le jus de canne à sucre ou vesou et des sirops. Elle est souvent localisée dans les campagnes. La capacité de distillation est matériellement limitée.

L'industrie de tradition ancienne est apparue avec la production sucrière dans le Nouveau Monde. Elle utilisait la mélasse comme matière première. Cette industrie s'est maintenue dans ses grandes lignes, tout en suivant l'évolution des techniques de fabrication et de commercialisation. Elle est localisée près des voies d'échange et de communication. L'activité est saisonnière, la capacité de distillation est de l'ordre de 5 000 l/jour de rhum.

L'industrie, de création récente, ne résulte pas de la transmission d'une "tradition gastronomique" ; elle est plus simplement une industrie utilisatrice des sous-produits de la fabrication du sucre, avant tout commerciale ; c'est le cas à Porto-Rico, aux îles Vierges. La capacité de production est de 10 000 à 50 000 litres de rhum par jour, dans des unités modernes, produisant du rhum léger, destiné au marché international (BACARDI). La matière première est la mélasse.

Données quantitatives

Le rhum est actuellement le troisième spiritueux consommé au plan mondial, avec environ cinq millions d'hectolitres d'alcool pur commercialisés (IEDOM, 1992). Il représente 11 % du marché des eaux-de-vie, après les whiskies (28 %) et les brandies (14 %). En 1982, le rhum était la première eau-de-vie commercialisée mondialement, avec 9,5 millions d'hectolitres d'alcool pur. BACARDI, qui commercialise des rhums légers, est la première marque mondiale de spiritueux, avec 20,2 millions de caisses de 9 litres vendues en 1994. En France, le rhum est le neuvième spiritueux vendu en grandes et moyennes surfaces avec 10 711 300 millions de litres, pour un chiffre d'affaires de 703,2 millions de francs.

La Guadeloupe, par la nature de sa production (~ 70 000 hl AP/an), constituée de rhum agricole et de rhum de sucrerie, en quantités à peu près équivalentes, occupe une position intermédiaire par rapport à celle de la Réunion (~ 90 000 hl AP/an) constituée essentiellement de rhum de sucrerie et celle de la Martinique (~ 80 000 hl AP/an) dominée par le rhum de type agricole.

Depuis quelques années, la consommation de rhum sur le marché métropolitain a baissé de façon régulière. Cette récession n'est pas propre au rhum ; elle affecte l'ensemble des spiritueux, en raison principalement du changement intervenu dans les modes de consommation et de l'alourdissement de la fiscalité (tabl. 14).

Le rhum bénéficie d'une image très particulière, liée en effet à trois types de consommation traditionnelle :
– comme boisson (20 %),
– comme condiment pour la pâtisserie et la cuisine (40 %),
– en boisson chaude.

Jusqu'à ces dernières années, comme les anisés ou le whisky, le rhum n'a pas bénéficié d'une image de spiritueux consommé en groupe. Cependant depuis quelques années, les principaux négociants français ont mis sur le marché des cocktails à base de rhum et de sirops de canne. Bénéficiant d'un succès très rapide auprès des consommateurs, ils représentent actuellement plus de 10 % du marché (CASAMAYOR et COLOMBANI, 1987).

Tableau 14. – Évolution des volumes d'eaux-de-vie d'appellation d'origine, consommées en France (en hl d'alcool pur, d'après *Bios*, 264, 1994).

Année	Cognac	Armagnac	Calvados	Rhums	Total (%)
1970	41 651	10 097	28 892	135 011	62
1975	42 963	15 312	28 233	127 437	60
1980	47 095	22 132	31 036	105 960	51
1985	33 972	15 838	19 735	78 725	53
1990	24 261	16 246	16 975	68 250	54
1992	20 784	12 139	16 090	75 934	60

Le régime contingentaire des rhums qui dispense de surtaxe à l'importation sur le territoire métropolitain, de rhums produits dans les DOM, était jusqu'à la fin 1995 de 204 050 hl AP. Il ne représentait plus aucune réalité économique. En conséquence, vu que la consommation annuelle moyenne de rhum en métropole se situe aux alentours de 75 000 hl AP, le contingent économique a été fixé, à partir de 1996, à 90 000 hl AP par an. Les TOM (territoires d'outre-mer) et Madagascar ne relèvent plus désormais du dispositif contingentaire, mais du régime de droit commun.

Typologie des rhums

Habituellement, les rhums sont classés en fonction de leur lieu de fabrication. Cette classification correspond plus à des circuits commerciaux et à un savoir-faire.

Du point de vue technique, le rhum est le produit d'une combinaison de trois éléments : une matière première (jus, concentré, mélasse), un itinéraire technique (composition des moûts, fermentation pure ou complexe ; distillation, rectification), une maturation dans divers types de contenants (fût, foudre, cuve acier, coloration).

Autrefois précisés par un texte national, les rhums sont définis, depuis 1989, par le règlement communautaire relatif aux boissons spiritueuses (R. (CEE) n° 1576/9). Les principales caractéristiques de fabrication des principaux types de rhum figurent tableau 15 et figure 14.

Une modification de la réglementation nationale (Décret du 22 avril 1988 modifié par le décret du 27 mars 1992) définit les rhums d'appellation d'origine de la façon suivante :

Le rhum traditionnel agricole

Il s'agit "de l'eau-de-vie issue exclusivement de la fermentation alcoolique et de la distillation du jus de canne à sucre, présentant les caractères organoleptiques spécifiques du rhum et ayant une teneur en substances volatiles supérieure ou égale à 225 grammes par hectolitre d'alcool pur (g/hl AP)".

Le rhum traditionnel de sucrerie

Il s'agit de la boisson spiritueuse "obtenue exclusivement par la fermentation alcoolique et la distillation des mélasses ou des sirops provenant de la fabrication du sucre de canne, distillé à moins de 96 % vol., de telle sorte que le produit de la distillation présente, d'une manière perceptible, les caractères organoleptiques spécifiques du rhum et ayant une quantité totale de substances volatiles autres que les alcools éthyliques et méthyliques supérieure ou égale à 225 grammes par hectolitre d'alcool pur."

Ces deux dénominations ne peuvent être utilisées que pour des rhums d'appellation d'origine. Les rhums d'appellation d'origine sont définis par le décret du 22 avril 1988 (modifié par celui du 27 mars 1992), qui précise que ceux-ci doivent être distillés et vieillis dans l'aire géographique dont ils portent le nom. Le titre alcoolique volumique acquis (TAVA) minimal est fixé à 40 %.

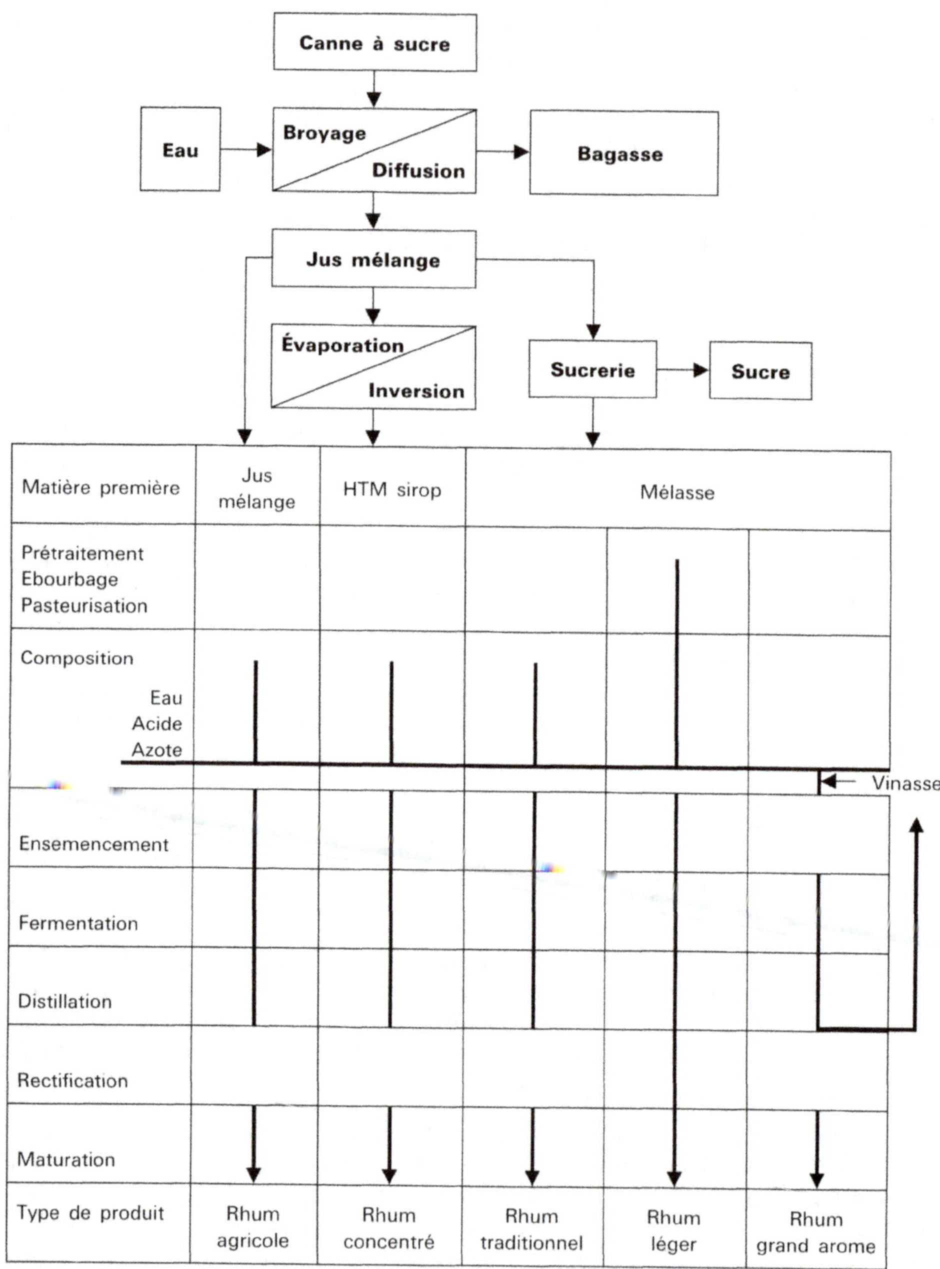

Figure 14. – Diagramme de fabrication des différents types de rhum.

Tableau 15. – Caractéristiques de fabrication des principaux types de rhum.

Matières premières			
Jus de canne à sucre	**Mélasse ou sirop**	Mélasse	**Mélasse**
Fermentation mixte	Fermentation mixte	Fermentation mixte spontanée	Fermentation levurienne pure
Saccharomyces/ bactéries	*Saccharomyces/* bactéries	*Schizosaccharomyces* bactéries	*Saccharomyces*
Distillation simple à colonne	Distillation simple à colonne	Distillation simple à colonne	Distillation Rectification
TNA mini 225	TNA mini 225	TNA mini 800	TNA < 225
TNA 225-800	TNA 225-600	TNA 800-1200 Esters ⩾ 500	–
Rhum traditionnel agricole	Rhum traditionnel de sucrerie	Rhum grand arôme	Rhum dit "léger"

TNA mini : minimum réglementaire du Taux en non-alcool, exprimé en gramme par litre d'hectolitre d'alcool pur.
TNA : Taux en non-alcool observé sur des produits de stockage, hors commerce. Les esters sont exprimés en gramme par hectolitre d'alcool pur.

Le rhum grand arôme

Il s'agit du rhum traditionnel ayant une quantité totale de substances volatiles autres que les alcools éthylique et méthylique supérieure ou égale à 800 grammes par hectolitre d'alcool pur et une teneur minimale en esters égale ou supérieure à 500 grammes par hectolitre d'alcool pur.

Les rhums vieux

Ils sont définis par le décret du 25 juillet 1963. Ils doivent avoir subi un vieillissement d'au moins trois ans en vaisseaux de bois de chêne d'une capacité de 650 litres au plus et renfermer une quantité d'éléments volatils autres que l'alcool au moins égale à 325 grammes par hectolitre d'alcool pur.

Le "rhum léger", autrefois défini par la réglementation nationale (Taux en non-alcool compris entre 60 et 225 g/hl AP), ne l'est plus aujourd'hui (BORGHESE, 1994). Les rhums ayant moins de 225 g/hl AP de non-alcool sont classés parmi les rhums légers.

Conclusion

L'histoire de la technologie rhumière a connu peu d'innovations directes, depuis la fin du XIXe siècle. Elle a été marquée par des tâtonnements et des retours en arrière. Actuellement, on observe une appropriation des savoir-faire modernisés et de leur reproductibilité. Ils permettront d'évoluer vers des produits nouveaux. Cette évolution s'inscrit davantage au plan économique que dans la matérialité. Les remarques faites à LANDES en 1891 montrent que le contexte social des distilleries de l'époque n'était pas prêt à intégrer des innovations. Celles-ci s'inscrivent actuellement dans un contexte de nécessité vitale pour la distillerie des Antilles françaises.

CHAPITRE VIII

Chimie des rhums

La composition qualitative des rhums a fait l'objet de nombreux travaux. Le rhum comme les autres eaux-de-vie, à l'état brut, est une solution hydroalcoolique contenant divers autres composés volatils appelés non-alcool ; ce dernier constitue la fraction aromatique de l'eau-de-vie (tabl. 16 a et 16 b).

Les composés volatils aromatiques des eaux-de-vie sont principalement : les alcools supérieurs, les acides gras, les esters, les composés phénoliques, les composés carbonylés, les lactones et les acétals. Des analyses chromatographiques montrent une remarquable similarité qualitative de la composition de l'arôme de plusieurs eaux-de-vie issues de différentes matières premières

Tableau 16 a. – Composition de différents types de rhum.

Composé	Unité (g/hl AP)	Rhum agricole		Rhum de sucrerie			Rhum de sirop
		Moyenne	Valeurs extrêmes	Moyenne	Valeurs extrêmes	Gd arôme	
Acides totaux	Acide acétique	25,4	5,5-50,3	33,6	12,3-50,0	317,3	72,0
Aldéhydes	Acétaldéhyde	11,2	2,0-40,8	5,3	3,1-8,8	15,0	11,2
Esters	Acétate	27,9	8,0-42,2	28,0	11,2-46,1	313,2	47,5
Alcools supérieurs	Isobutanol	310,6	220,0-625,0	236,9	190,0-275,0	38	228
Furfural		–	–	–	–	0,5	1,3
Total du non-alcool		375,1	230,0-721,0	303,9	251-379	684,08	360,02

Pour le rhum agricole, les chiffres représentent la moyenne de 30 analyses ; pour le rhum de sucrerie, c'est la moyenne de 6 analyses. Les méthodes de dosages employées correspondent à celles de la méthode officielle française (d'après PARFAIT et SABIN, 1975).
g/hl AP : gramme par hectolitre d'alcool pur.

Tableau 16 b. – Quelques composés des rhums (LIEBICH, 1970).

Alcools

Méthanol	Méthyl-2-butanol-1 (inactif)	n-butanol
Éthanol	Méthyl-2-butanol-1 (actif)	Hexanol
n-propanol	Méthyl-3-butanol-1	β-phényléthanol
Isobutanol	2-butanol	

Esters (mis à part l'acétate d'éthyle)

Formiate d'éthyle	Caprylate d'éthyle	Stéarate d'éthyle
Propionate d'éthyle	Caprate d'éthyle	Linoléate d'éthyle
Butyrate d'éthyle	Laurate d'éthyle	Lactate d'éthyle
Valérate d'éthyle	Myristique d'éthyle	
Caproate d'éthyle	Palmitate d'éthyle	

Acides

Acétique	Caproïque	Palmitique
Propionique	Caprylique	Stéarique
Butyrique	Laurique	
Valérique	Myristique	

Composés carbonylés

Sont présents en très faibles quantités :

Acétaldéhyde	Propionaldéhyde	Isovaléraldéhyde
2-méthyl butyraldéhyde	Isobutyraldéhyde	Furfural

Acétals

1-1-Diéthoxyéthane	1-éthoxy-1-(3-méthyl butoxy) éthane
1-éthoxy-1-(2-méthyl butoxy) éthane	1-1-diéthoxy-3-méthyl butane
1-(2-méthyl propoxy)-1-(3-méthyl butoxy)	

éthane et toutes les autres combinaisons possibles.

Autres composés également présents

Phénols dont :

Gaïacol	Éthyl-4-phénol	Éthyl-4-gaïacol
Vinyl-4-gaïacol	Propyl gaïacol	

Alkyls pyrazines dont :

Méthyl pyrazine	Diméthyl pyrazine	Méthyl éthyl pyrazine
Diméthyl éthyl pyrazine		

(SUOMALAINEN et coll., 1970). En outre, la comparaison de la fraction aromatique produite par des levures lors de fermentation de solutions sucrées sans azote, montre que le métabolisme de la levure joue un rôle important dans la formation des composés de l'arôme (SUOMALAINEN, 1966).

Le développement de la chromatographie en phase gazeuse, son couplage à la spectrométrie de masse, ainsi que l'apport de la résonance magnétique nucléaire et de la spectrométrie infrarouge, tout cela lié à l'amélioration des techniques d'extraction des composés volatils ont permis, à de nombreux chercheurs, d'analyser l'arôme du rhum : Shito E. et coll. (1962), Baraud J. et coll. (1963), Maurel A. (1964), Maurel A. et coll. (1965), Maarse H. et coll. (1966), Nykanen L. et coll. (1968), ter Heide et coll. (1981), Lencrerot P. et coll. (1984), Jouret C. et coll. (1990). Plus de 400 composés ont été identifiés dans les chromatogrammes du rhum (ter Heide et coll., 1981).

On dispose de quelques résultats sur la composition quantitative du rhum en acides gras courts et des comparaisons peuvent être faites avec les autres eaux-de-vie et boissons fermentées : ce sont en particulier les travaux de Suomalainen et Keranen (1967) sur l'influence des acides aminés branchés, ceux de Nykanen et coll. (1968) sur l'acidité volatile du whisky, du cognac et du rhum. Plus récemment, on peut retenir les travaux de Lehtonen et coll. (1977) sur l'acide éthyl-2 méthyl-3 butyrique et ceux de Fahrasmane et coll. (1983) sur l'acidité volatile des rhums des Antilles françaises.

On a découvert que pour une grande partie, les mêmes composés apparaissent dans les fractions volatiles de l'arôme de la bière, du vin et des boissons distillées. Plusieurs facteurs interviennent dans l'élaboration de l'arôme des eaux-de-vie :

– la matière première qui apporte une composante dite primaire,
– la levure, les bactéries et les conditions de fermentation qui sont l'origine d'un arôme secondaire,
– la distillation contribuant par une note tertiaire,
– la maturation qui engendre un arôme quaternaire.

Facteur matière première

Les matières sucrées fermentescibles issues de la canne à sucre ont la particularité de ne pas provenir des fructifications d'un végétal. En fait, c'est le suc d'une grande herbe qui est utilisé pour donner des distillats. Ceux-ci, s'ils ne sont pas privés par des traitements (défécation) de leurs substances aromatiques, donnent des rhums reconnaissables organoleptiquement par des connaisseurs. Il faut noter qu'un auteur, J.P. Roux (1938), cité par Kervegant (1946), écrit à propos du sorgho sucré, une graminée voisine de la canne à sucre : "Le jus sucré... de sorgho ne diffère pas de celui de canne à sucre. L'arôme de ces plantes est absolument le même, soit dans le sirop, soit dans le sucre cristallisé. Les rhums et taffias que l'on obtient sont identiques, qu'ils viennent de la canne ou du sorgho".

Une étude faite par De Smedt et Liddle (1975) a montré la présence dans les rhums de composés particuliers provenant de la dégradation du β-carotène que sont :

– le triméthyltétrahydronaphtalène (TTN),

- le triméthyldihydronaphtalène (TDN),
- la ß-damascénone.

Ce dernier composé a été identifié dans des mélasses par GODSHALL (1984). DUBOIS et RIGAUD (1975) ont identifié un isomère de la ß-damascénone comme ayant une odeur caractéristique de rhum.

Actuellement, à part ces composés dérivant de la matière première, présentés comme caractéristiques du rhum, il n'en a pas été identifié d'autres pouvant être classés dans l'arôme primaire du rhum.

Les acides organiques contenus dans les produits de la canne à sucre, plus particulièrement l'acide citrique, agissent sur le métabolisme des levures de fermentation. FAHRASMANE (1983, 1985) a montré dans une étude de laboratoire, avec des souches de rhumerie et une levure de boulangerie en culture pure, que l'acide citrique modifie considérablement la fraction acides gras courts des milieux fermentés et donc des rhums. En effet, la production d'acides autres que l'acide acétique est augmentée ; en outre, il y a synthèse d'acides peu fréquents dans les distillats (acides isovalérique et caproïque...). L'effet de l'acide citrique sur le spectre d'acides gras courts d'origine microbienne est plus important sur les souches de levures de rhumerie que sur la levure de boulangerie (fig. 15). On pourrait y voir un facteur important de la singularité de la fraction acides gras volatils des rhums présentée par SUOMALAINEN (1975).

L'acide citrique est un activateur et, très probablement, un précurseur de la synthèse des acides gras courts.

Facteur microbiologique

L'activité des levures fermentaires et des germes microbiens contaminants est à l'origine de nombreux composants des eaux-de-vie :
- les alcools supérieurs représentent le groupe le plus important quantitativement parmi les composés de l'arôme ;
- les acides gras volatils, dans un rhum jeune, proviennent majoritairement de l'activité microbienne, au cours de la fermentation, et contribuent pour partie à la formation d'esters lors des étapes ultérieures (distillation, maturation) ;
- les esters dont les teneurs et la composition sont pour beaucoup liées non seulement à la levure mais aussi aux conditions de fermentation et au procédé de distillation.

Levure et chimie des rhums

SUOMALAINEN (1975), dans une étude sur quelques aspects généraux de la composition de l'arôme des boissons alcooliques, montre que l'acide propionique et l'acide butyrique sont en plus grande quantité dans les rhums que dans les autres eaux-de-vie ; aussi, l'acide valérique est en plus grande proportion dans le rhum que dans le whisky et le brandy. La fraction acides gras volatils semble singulariser les rhums parmi les eaux-de-vie. Les levures en produisent en présence d'acide citrique (FAHRASMANE, 1983 ; tabl. 17 et fig. 15). La présence d'acide propénoïque dans cette fraction semble être un indicateur d'une importante activité bactérienne ; le taux d'acide formique peut tout autant être utilisé comme indicateur des conditions d'élaboration du rhum et d'évaluation de la qualité (JOURET et coll., 1990).

Les levures du genre *Schizosaccharomyces*, agent principal des fermentations rhumières spontanées de production du rhum de type grand arôme, présentent l'avantage de donner un rendement élevé en éthanol, de produire relativement peu de composés secondaires de la fermentation alcoolique, peu de propanol, peu d'isopentanol, pratiquement pas d'isobutanol, moins d'acides gras volatils que les *Saccharomyces*. Cependant, les *Schizosaccharomyces* produisent du glycérol ; ce dernier est un facteur favorable au développement de germes bactériens, certains producteurs de composés aromatiques recherchés, tels que les esters, d'autres symptomatiques d'accidents de fabrication. Ces propriétés générales pourraient faire de *Schizosaccharomyces pombe* une bonne espèce de fermentation rhumière, capable de donner des rhums très aromatiques avec une certaine flore bactérienne ; elle pourrait donner des produits de distillation très légers, particulièrement recherchés dans la mesure où l'on arriverait à maîtriser la flore bactérienne.

Tableau 17. — Production d'acides gras volatils (AGV), en mg/l, par différentes levures, dans différents milieux de culture.

Levure	AGV	Milieu		
		Oura	Oura + Ac. Cit	Jus de canne
Levure de	acétique	773	354	315
boulangerie	propionique	T	2	7
	butyrique	0,3	2	0,2
	isobutyrique	1,2	2	3
Saccharomyces	acétique	640	447	165
cerevisiae 493	propionique	0	9	4
	butyrique	0,2	6	0,4
	isobutyrique	2	8	3
Saccharomyces	acétique	764	546	525
cerevisiae 377	propionique	0	1	8
	butyrique	0,3	1	0
	isobutyrique	2,5	3	3,5
Schizosaccharo-	acétique	92	123	145
myces pombe G	propionique	0	6	5
	butyrique	0	4	0,1
	isobutyrique	0,5	4	0,5

Oura : milieu synthétique de Oura (FAHRASMANE, 1983).
Oura + Ac. Cit : milieu de Oura plus acide citrique.
T : traces.

Saccharomyces cerevisiae, qui est l'espèce la plus présente ou la plus utilisée en rhumerie (levure indigène, levure de boulangerie), produit des quantités plus importantes d'alcools supérieurs et d'acides gras ; le rendement de la fermentation alcoolique est un peu moins bon que celui des *Schizosaccharomyces*. Mais la croissance est rapide et abondante, l'occupation du milieu est bonne, le danger d'accident de fermentation en est réduit.

Chromatogrammes des acides gras courts

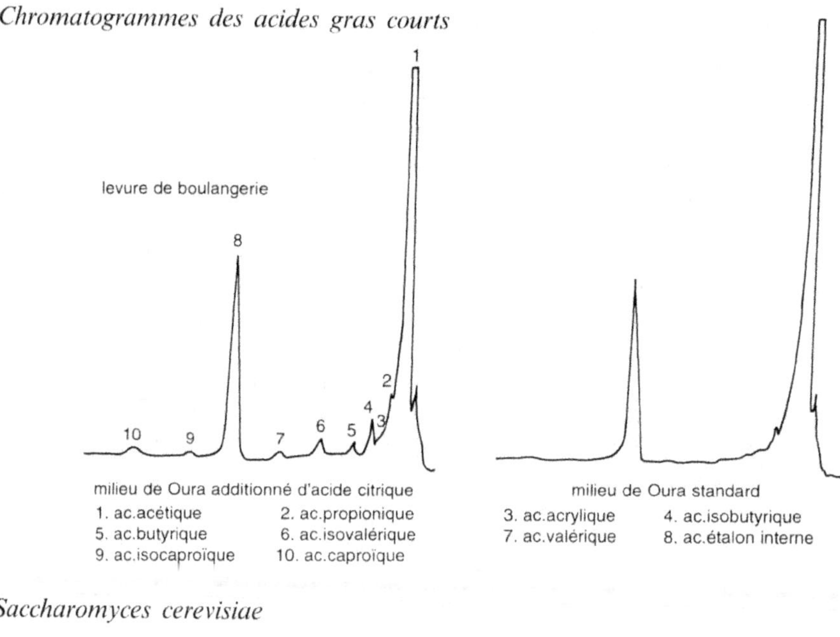

Saccharomyces cerevisiae

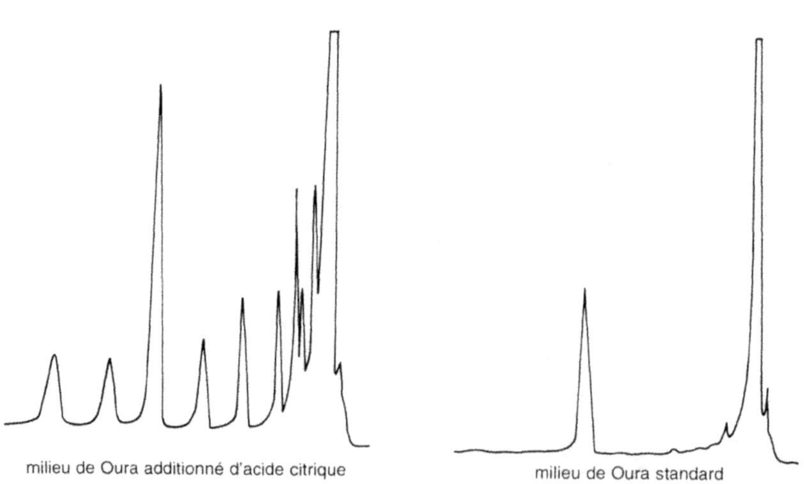

Figure 15. – Effet de la présence d'acide citrique sur la production d'acides gras courts par la levure de boulangerie et une levure indigène de rhumerie.

Bactériologie et chimie des rhums

Dès 1945, ARROYO à Porto-Rico a étudié la contribution de la flore bactérienne aux propriétés organoleptiques du rhum. Il concluait, en ce qui concerne des fabrications du type grand arôme, que les meilleurs produits avec les meilleurs rendements étaient issus de milieux où le ratio bactérie/levure était de 1/5. Auparavant, GUILLAUME (1939) notait le peu de bouquet des rhums fabriqués à partir de milieux où les bactéries avaient été éliminées.

ARROYO, comme plus tard OSHMYAN (1961) et NEMOTO et coll. (1975) se sont intéressés surtout aux *Clostridium* butyriques qui sont des germes indispensables dans l'écosystème conduisant à la fermentation du rhum grand arôme.

La flore normale (bactéries lactiques et Corynébactéries) métabolise les sucres, diminuant ainsi les rendements. Cependant, tant que la population ne dépasse pas un seuil critique de l'ordre de 10^6 à 10^7 bactéries/ml, il n'est pas perçu d'influences négatives importantes (baisse de rendement, acidification, présence d'*off-flavors*...) sur le processus de fabrication et la qualité des produits.

L'activité bactérienne normale se traduit par la production d'acides gras volatils avec une forte proportion d'acide acétique. Ces acides volatils contribuent, tout au cours de l'élaboration de l'eau-de-vie, à la formation d'esters favorables aux propriétés organoleptiques des rhums.

Les acides propionique et butyrique sont pour partie le fait de la flore bactérienne. Celle-ci comprend les Corynébactéries, les *Bacillus*, les *Micrococcus* (GANOU-PARFAIT, 1984) qui, en culture pure, produisent à partir des sucres quelques mg/l de ces acides (tabl. 13).

Lorsque les conditions de milieu se dégradent, il y a augmentation de l'acidité volatile du fait de l'accroissement de la flore normale à laquelle s'ajoute une flore variée (*Bacillus, Micrococcus, Clostridium, Propionibacterium*...) qui laisse son empreinte dans les vins et les distillats : acidité volatile FAHRASMANE et coll. (1983), alcool allylique, acroléine (LENCREROT et coll., 1984), acide acrylique... L'ensemble de la flore microbienne constitue une chaîne trophique liée principalement aux substrats suivants : sucres, glycérol, acide lactique.

Les flores microaérophiles de *Lactobacillus* et de *Propionibacterium* sont les plus significatives dans les milieux de rhumerie quand les matières premières et l'eau sont de bonne qualité bactériologique et que la phase aérobie, liée au remplissage, est écourtée :

– la flore de *Lactobacillus* est consommatrice de sucre, acidifiante par sa production d'acides (lactique, acétique, formique) qui pourront être estérifiés ultérieurement ; elle produit aussi du butane-2, 3 diol, du diacétyle... Ces composés et leurs dérivés, dans certaines limites, contribuent positivement aux propriétés organoleptiques du rhum ;

– la flore de *Propionibacterium*, par sa production d'acide propionique (GANOU-PARFAIT, non publié) contribue à la singularité analytique des rhums parmi les eaux-de-vie, que constituent ses teneurs relativement élevées en acide propionique (SUOMALAINEN, 1975 ; JOUNELA-ERIKSSON, 1979).

Les matières premières et ces deux genres bactériens contribuent, plus encore que la levure de fermentation, à faire des rhums aromatiques un produit de terroir.

Le rhum grand arôme, qui est issu d'un milieu où l'expression bactérienne est très forte, contient des quantités remarquables d'acides estérifiés qui caractérisent ce type de produit. Il serait intéressant d'étudier la genèse des esters et de leurs précurseurs, tout au long du processus d'élaboration des rhums.

Le rhum contient une plus grande variété et de plus grandes quantités de composés organo-soufrés que les autres spiritueux. D'après LEPPANEN et coll. (1979), le rhum est le seul spiritueux contenant du sulfure de diméthyle. L'activité de bactéries sulfatoréductrices dans les milieux de fermentation serait pour partie à l'origine de tous ces composés. La composition en éléments soufrés de la canne à sucre et l'apport, lors de la préparation des moûts, de sulfate d'ammonium et d'acide sulfurique fourniraient un substrat aux bactéries sulfatoréductrices.

Il convient donc, dans un processus de production de rhums aromatiques, de maintenir la flore bactérienne dans des limites qui permettent de bénéficier de sa production de composés aromatiques et de précurseurs, de limiter la production de substances indésirables ainsi que la perturbation de la fermentation alcoolique.

Facteur distillation

Un dispositif de distillation en fabrication d'eau-de-vie n'a pas pour unique fonction de distiller de l'alcool. Il sert aussi à élaborer un produit présentant des propriétés aromatiques, non seulement du fait de sa fonction séparatrice, qui permet de concentrer dans le distillat des substances contenues dans le vin, mais aussi du fait d'une fonction réacteur liée au chauffage, au temps de séjour dans le dispositif, à la fonction catalytique des parties en cuivre. Les réactions qui se produisent sont souvent les réactions lentes d'estérification d'acides et d'alcools, des réactions de Maillard développant des arômes. Les parties en cuivre permettent l'oxydation de composés gênants ou malodorants, les composés réduits du soufre sont oxydés, des amines gazeuses malodorantes sont transformées en produits non volatils.

Les réactions favorables à l'élaboration d'un produit de qualité sont bien plus importantes dans les alambics que dans les colonnes continues.

Lors de distillations de moûts troubles, en présence de cellules de levures, il se produit sous l'influence de la température une lyse des levures qui relarguent plus particulièrement des esters d'acides gras qui sont des facteurs de qualité.

Facteur maturation

Les eaux-de-vie vieillies par conservation en fût acquièrent des propriétés organoleptiques particulières.

Les modifications du distillat au cours du vieillissement sont dues pour une bonne part aux substances extraites du bois du contenant (généralement du chêne) par le milieu alcoolique, à leur évolution et à leur combinaison avec des composés préexistants ou ayant subi des transformations :

– des hémicelluloses, substances glucidiques, sont extraites du bois par l'eau-de-vie au fur et à mesure de son acidification. Leur hydrolyse conduit à des sucres que l'on retrouve à des concentrations totales de l'ordre du gramme/litre dans les produits vieillis (fructose, glucose, xylose, arabinose, galactose, rhamnose) ;

– la lignine occupe une place importante par ses produits de dégradation qui affectent les propriétés organoleptiques des eaux-de-vie. Elle a une influence déterminante sur la formation de l'arôme et de la saveur des eaux-de-vie vieillies. Sa dégradation donne lieu à l'apparition de composés phénoliques aldéhydes (vanilline, synapaldéhyde, syringaldéhyde...) qui, ensuite par oxydation donneront les acides phénols correspondants (acide vanillique, acide synapique, acide syringique...) ;

– les tanins apportent la couleur et surtout l'oxygène actif qui réagira avec divers composants des eaux-de-vie.

La chimie des rhums est le fruit de tout un travail d'élaboration où se conjuguent des caractéristiques de la matière première et des ingrédients, les produits du métabolisme de levures fermentaires et de flores bactériennes contaminantes, les effets de dispositifs distillatoires et l'œuvre d'une maturation qui peut s'étaler sur plusieurs années.

Conclusion

La production rhumière, âgée de près de quatre siècles, offre aux consommateurs une gamme de produits plus ou moins aromatiques. La tendance actuelle est la commercialisation de rhums blancs et ambrés à caractère allégé, constituant l'essentiel de la consommation. Cette dernière se fait généralement sous forme de *long-drink*.

Les levures alcooligènes apportées suivant un itinéraire technique ont une efficacité fermentaire optimisée. Nos résultats de sélection de levures de rhumerie privilégient les souches du terroir. Elles constituent avant tout un facteur d'efficacité technologique. Nous travaillons à la sélection de levure à caractère aromatique.

Le rhum grand arôme est un "archétype" vivant, une quintessence aromatique, issu de milieux dont la flore est spontanée, donc typique du terroir. L'expression de la composante bactérienne y atteint des "sommets". Son mode de consommation en cuisine et en tant que bonificateur, en fait un aromate. Par contre, dans les rhums légers qui constituent de très loin l'essentiel de la production mondiale, la présence et l'activité bactérienne sont minimisées. Ce type de produit doit à la matière première, essentiellement, sa filiation aux rhums.

Les rhums aromatiques des Antilles françaises où s'allient matières premières et micro-organismes, sont intermédiaires du point de vue aromatique, entre les deux extrêmes que sont les deux types de rhums précédents ; ils sont le produit moderne, issu de la production artisanale d'avant le XXe siècle, bénéficiant de l'appropriation d'acquis de la microbiologie.

Les connaissances actuellement acquises en technologie et en chimie des rhums montrent le rôle significatif des flores bactériennes, au regard de la composition des produits aromatiques (acides, esters...). Le contrôle de la présence et de l'activité de ces flores est un facteur de maîtrise de la qualité des produits. La technique de recomposition, la distillation sous vide, ou encore des nouvelles techniques séparatives (pervaporation, osmose...) sont autant de possibilités d'élaborer des produits à caractère allégé, ayant un profil organoleptique qui exprime des notes de la typicité des rhums aromatiques.

La typicité des rhums aromatiques et, particulièrement, celle des produits des Antilles françaises, reposent sur des propriétés organoleptiques, fruits de combinaisons, de la matière première, de l'activité bactérienne concomitante à la fermentation alcoolique et des conditions de distillation.

En France, le volume de rhum commercialisé (75 000 hectolitres d'alcool pur en 1992) est supérieur à celui du cognac, de l'armagnac et du calvados réunis.

Les rhums blancs et les rhums vieillis ont divers modes d'utilisation. La dimension aromatique en fait des ingrédients, des épices, recherchés en patisserie et en cuisine. La définition d'objectifs de qualité devrait nécessairement tenir compte de cette spécificité de consommation rhumière, qu'est la dimension aromatique utilitaire.

La production de rhums aromatiques, où l'éthanol fait fonction de vecteur de molécules odorantes, permet de faire de cette eau-de-vie plus une source de sensations organoleptiques qu'un euphorisant.

Il faut chercher à tirer le meilleur parti des signes de qualité (AOC, label...) liés à la règlementation. La fermentation apparaît être un centre de progrès. Une étape significative a été franchie avec l'identification des constituants de la microflore. On peut déjà utiliser les connaissances acquises des propriétés physiologiques des germes, pour asseoir sur une base plus rationnelle les itinéraires techniques. Il restera à mieux connaître les interactions entre les levures et les bactéries pour réduire les pertes en fermentation et produire de manière répétitive des rhums aromatiques, équilibrés.

Si la distillerie a d'abord été une annexe de la sucrerie, permettant de valoriser la mélasse, d'améliorer les comptes des sucreries-distilleries (le rhum représente en valeur 18 % des recettes du sucre), elle est actuellement, aux Antilles françaises, une activité à part entière en ce qui concerne la rhumerie agricole. L'évolution de la technologie devrait permettre les nécessaires améliorations des coûts et de la qualité des produits, afin qu'ils soient compétitifs vis-à-vis des productions concurrentes.

Références bibliographiques

AFCAS, 1991. Rencontres internationales en langue française sur la canne à sucre. Actes de la première rencontre. Ed. AFCAS 45 bis, avenue de la Belle Gabrielle, 94130 Nogent-sur-Marne.

ALEXANDER G. A., 1973. Sugarcane physiology. Elsevier Scientific publishing company. Amsterdam-London-New-York.

ALARD G., de MINIAC M., 1985. Recyclage des vinasses ou de leurs condensats d'évaporation en fermentation alcoolique des produits sucriers lourds (mélasses et égouts). *Ind. agric. aliment.*, 102, 877-882.

ALLAN CH., 1906. Report on manufacture of Jamaïca. *West Ind. Bull.*, 7, 141-142.

ARROYO R., 1945. Studies on rum. Research bulletin n° 5. Agricultural Experimentation Station. University of Puerto-Rico.

ARTSCHWAGER E., BRANDES E. W., 1958. Sugarcane, Agriculture handbook n° 122, U.S. Gov. Printing office, Washington, D.C.

ASHBY S.F., 1909. Studies of fermentation in manufacture of Jamaïca rum. *Int. Sugar J.*, 11, 243-251, 300-307.

ATCHINSON J. E., 1992. Making the right choices for successful bagasse newsprint production. *Tapi J.*, 76, 1, 187-193.

AUTHIER-MAYEUX P., 1960. *Some studies on the microbial flora of Sugarcane.* Thesis. Louisiana State University.

BARNETT J. A., PAYNE R.W., YARROW D., 1990. Yeasts characteristics and identification. 2nd edition Cambridge Press University.

BARAUD J., MAURICE A., 1963. Les alcools et esters des eaux-de-vie de canne et de pomme. *Ind. agric. aliment.*, 80, 3.

BARRAU J., 1988. *Canna mellis* : croquis historique et biogéographique de la canne à sucre, *Saccharum officinarum* L. Graminées. Andropogonées. *J. Agric. Tradit. Bot. Appl.*, XXXV, 158-173.

BAULT A.E., 1984. *Le rhum aux Antilles.* Thèse de doctorat de troisième cycle. Université de Bordeaux III.

BEVAN E.J., BOND J.D., 1971. Queensland Society of Sugar Cane Technologists p. 138. In cane Sugar Handbook 1977, 10th edition, Chapter 17, p. 407 by G.P. MEADE ; 107, Wiley & sons Interscience Publication.

BORGHESE T., 1994. Rhum, rhum agricole, rhum traditionnel. Définitions légales. Actes du *Colloque sur les rhums traditionnels*, 51-54. ISBN n° 2-9506 860-2-8.

BORIES A., RAYNAL J., BAZILE F., 1988. Anaerobic digestion of high-strength distillery wastewater (cane molasses stillage) in a fixed-film reactor. *Biol. Wastes*, 23, 251-267.

BORIES A., BAZILE F., LARTIGUE P., 1994. Traitement anaérobie des vinasses de distillerie en digesteurs à micro-organismes fixés. Actes du *Colloque sur les rhums traditionnels*, 219-242. ISBN n° 2-9506 860-2-8.

BOURGEOIS P., FAHRASMANE L., 1988. Effet de stéroïdes de la canne à sucre sur des levures en fermentation alcoolique. *Can. Inst. Food Sci. Technol. J.*, 25, 5, 555-557.

BRANDES E. W., SARTORIS G. B., 1936. Sugarcane : its origin and improvement. U.S.D.A. yearbook of agriculture, 561-611.

BULL T.A., GLASZIOU K.T., 1963. The significance of sugarcane accumulation in *Saccharum. Aust. J. Biol. Sci.*, 16, 737-742.

CASAMAYOR P., COLOMBANI M-J., 1987. Le livre de l'amateur de rhum. Ed. Daniel Briand – Robert Lafont, Paris.

CEDUS, 1983. Histoire du sucre. Le sucre : documentation pédagogique, fascicule n° 1. Cedus, Paris.

CELESTINE-MYRTIL-MARLIN D.A., OUENSANGA A., 1988. Distribution of simple sugars and structure polysaccharides in sugarcane stalks. *Sugar J.*, January, 11-14.

CELESTINE-MYRTIL-MARLIN D.A., 1990. Influence of cane age on sugars and organic acids distribution in sugarcane stalks. *Sugar y Azucar*, 85, 8, 17-21.

COGAT P., 1994. Technologies applicables à l'atelier de distillation pour éliminer les composés négatifs, pour composer le profil aromatique. Actes du *Colloque sur les rhums traditionnels*, 163 – 186. ISBN n° 2-9506 860-2-8.

CONDON S., 1983. Aerobic metabolism of lactic acid bacteria. *Irish J. Food Sci. Technol.*, 7, 15-25.

CONDON S., 1987. Responses of lactic acid bacteria to oxygen. F.E.M.S. *Microbiol. Rev.*, 46, 269-280.

de MINIAC M., 1988. Conduite des ateliers de fermentation alcoolique de produits sucriers lourds (mélasses et égouts). *Ind. agric. aliment.*, 105, 4, 675-688.

de SMEDT P., LIDDLE P., 1975. Place des rhums au sein des eaux-de-vie. *Ann. Technol. Agric.*, 24, 3-4, 269-288.

DESTRUHAUT C., FAHRASMANE L., PARFAIT A., 1986. Technologie rhumière. Etude des rhums de sirop. Rapport de convention INRA.

DUBOIS P., RIGAUD J., 1975. Etude qualitative et quantitative des constituants volatils du rhum. *Ann. Technol. Agric.*, 24, 3-4, 307-315.

DU GENESTOUX P., 1991. Perspectives de l'économie sucrière mondiale. Actes de la première rencontre internationale en langue française sur la canne à sucre. AFCAS, 39-43.

EBELING C., 1989. New technological advances in Brazilian ethanol production. *Zuckerindustrie*, 114, 17-24.

EL TABEY SHEHATA A.M., 1960. Yeast isolated from sugar cane and its juice during the production of aguardiente of cane. *Appl. Microbiol.*, 8, 73-75.

ESCUDIER J.L., 1994. La distillation des rhums : typicité et récupération d'arômes. Actes du *Colloque sur les rhums traditionnels*, 187-205. ISBN n° 2-9506 860-2-8.

FAHRASMANE L., PARFAIT A., JOURET C., GALZY P., 1983. Etude de l'acidité volatile des rhums des Antilles françaises. *Ind. agric. aliment.*, 100, 197-201.

FAHRASMANE L., 1983. *Contribution à l'étude de la formation des acides gras courts et des alcools supérieurs par des levures de rhumerie.* Thèse de doctorat de troisième cycle. Université des Sciences et Techniques du Languedoc.

FAHRASMANE L., PARFAIT A., JOURET C., GALZY P., 1985. Production of higher alcohols and short chain fatty acids by different yeast used in rum fermentations. *J. Food Sci.*, 50, 1427-1436.

FAHRASMANE L., GANOU-PARFAIT Berthe, PARFAIT A., 1988. Yeast flora of Haitian rum distilleries. *Mircen J.*, 4, 239-241.

FAHRASMANE L., GANOU-PARFAIT B., BAZILE F., 1989. Le métabolisme du soufre dans la rhumerie. *Mircen J.*, 5, 239-245.

FAO, 1993. *Yearb. prod.*, 47, 153-154.

FAUCONNIER R., BASSEREAU D., 1970. La canne à sucre. Ed. Maisonneuve et Larose. Paris.

FOUQUET P., de BORDE M., 1985. Le roman de l'alcool. Ed. Shegers. Paris.

GANOU-PARFAIT B., PARFAIT A., 1980. Problèmes posés par l'utilisation de *Schizosaccharomyces pombe* dans la fabrication des rhums. *Ind. agric. aliment.*, 97, 6, 575-586.

GANOU-PARFAIT B., 1984. *Contribution à l'étude des bactéries des milieux fermentaires de rhumerie*. Thèse de doctorat de 3ᵉ cycle USTL, Montpellier.

GANOU-PARFAIT B., PARFAIT A., FAHRASMANE L., JOURET C., 1986. Origine de l'acide éthyl 2 -méthyl 3 -butyrique composant de l'acidité volatile des rhums. *Belg. J. Food Chem. Biotechnol.*, 41, 1, 21-24.

GANOU-PARFAIT B., PARFAIT A., GALZY P., FAHRASMANE L., 1987. *Bacillus sp.*, in sugar cane fermentation media. *Belg. J. Food Chem. Biotechnol.*, 42, 6, 192-194.

GANOU-PARFAIT B., FAHRASMANE L., PARFAIT A., GALZY P., 1991. Les bactéries en technologie rhumière aux Antilles françaises. Actes de la première rencontre internationale en langue française sur la canne à sucre, 303-309. AFCAS.

GREG P., 1895. The Jamaïca yeasts. *Bull. Bot. Dept. Jamaïca*, 2, 11, 157-160.

GODSHALL M.A., 1984. Minor constituents identified in the sugarcane plant and sugarcane products. S.P.R.I. short report n° 3.

GUILLAUME J., 1939. Le rhum, sa fabrication et sa chimie. Ed. L. Deppollier et Cie, Annecy.

HARALDSON A., BJORLING T., 1981. Yeasts strains for concentrated substrates. *Eur. J. Appl. Microbiol. Biotechnol.*, 13, 34-38.

HUGOT E., 1970. La sucrerie de cannes. Ed. Dunod. Paris.

IEDOM, 1992. La filière canne-sucre-rhum dans les départements d'Outre-Mer. Institut d'Emission des Départements d'Outre Mer, sept. 1992, 21.

INRA, 1975. *Ann. Technol. Agric.* Symposium international sur le rhum et alcools dérivés de la canne à sucre, 24, 3-4, 237-495.

JOURET C., PACE E., PARFAIT A., 1990. L'acide formique composant de l'acidité volatile des rhums. *Ind. agric. aliment.*, 107, 1239-1241.

KAYSER E., 1917. Contribution à l'étude des ferments et de la fermentation des rhums. *Ann. Sci. agric.*, 297-322.

KERVEGANT D., 1946. Rhums et eaux-de-vie de canne. Ed. du Golf. Vannes.

KING N.J., MUNGOMERY R.W., HUGHES C.G., 1965. Manual of cane growing. American Elsevier Publishing Co., New-York. N.Y.

LENCREROT P., PARFAIT A., JOURET C., 1984. Rôle des Corynébactéries dans la production d'acroléine (2-propénal) dans les rhums. *Ind. agric. aliment.*, 101, 9, 763-765.

LANAUD C., NOUAILLE C., 1995. Un bel avenir pour les plantes tropicales. *Biofutur*, 146, 57-62.

LEPPANEN D., DENSLOW J., RONKAINEN P., 1979. A gas chromatographic method for accurate determination of low concentration of volatile sulphur compounds in alcoholic beverages. *J. Inst. of Brew.*, 85,6, 350-353.

LEHTONEN J.M., GREF K.B., PUPUTTI V.E., SUOMALAINEN H., 1977. 2-ethyl 3-methylbutyric acid, a new volatile acid found in rum. *J. Agric. Food Chem.*, 25, 953-954.

LIEBICH H. M., KOENIG W.A., BAYER E., 1970. Analysis of flavor of rum by gaz liquid chromatography and mass spectrometry. *J. Chromatogr. Sci.*, 8, 527-533.

LIE-TIEN-CHANG, 1992. Cane sugar manufacture in ancient China. *Int. Sugar J.*, 94, 1123, 155-156.

MAARSE H., 1966. The analysis of volatile components of Jamaïcan rums. *J. Food Sci.*, 31, 951-955.

MAUREL A., 1964. Etude chromatographique en phase gazeuse des constituants des rhums. *C.R. Acad. Agric. Fr.*, 50, 52-54.

MAUREL A., SANSSOULET O., GIFFARD Y., 1965. Etude chimique et examen en chromatographie en phase gazeuse des rhums. *Ann. Fals. Expe. Chim.*, 58, 291-303.

MEADE G.P., CHEN J.C.P., 1977. Cane sugar handbook. 10th ed. Wiley & sons Interscience Publication.

MEJANE J., PICQUOIS J., 1975. Production d'eaux-de-vie de qualité en continu. *Ann. Technol. agric.*, 24, 3-5, 343-359.

MEYER J., 1989. Histoire du sucre. Editions Desjonquères, 8 rue des Coutures St-Gervais 75003 Paris.

MIOCQUE J., 1991. Histoire de la canne Bourbon-Otaheite. AFCAS. Rencontres internationales en langue française sur la canne à sucre, 85-89.

MOORE P. H., MARETZKI A., 1996. Sugarcane. in *Photoassimilate distribution in plants and crops*. Ed. Marcel Dekker, Inc.

MUKHERJEE S. K., 1957. Origin and distribution of *Saccharum. Bot. Gaz.*, 119, 55-61.

NAMORY M., 1994. Auto-épuration partielle d'effluents de distillerie de rhum en environnement tropical humide. Actes du *Colloque sur les rhums traditionnels*, 244-255, 117. ISBN n° 2-9506 860-2-8.

NEMOTO S., 1975. Possibilities of utilisation of butyric acid bacteria for rum making. *Ann. Technol. Agric.*, 24, 3/4, 397-410.

NYKANEN L., PUPUTTI E., SUOMALAINEN H., 1968. Volatile fatty acids in some brands of whisky, cognac and rum. *J. Food Sci.*, 33, 88-92.

OSHMYAN G.L., 1961. Russian patent n° 140782.

PAIRAULT M.E.A., 1903. Le rhum et sa fabrication. Collection des grandes cultures coloniales, Gautier-Villars.

PARFAIT A., NAMORY M., DUBOIS P., 1972. Les esters éthyliques des acides gras des rhums. *Ann. Technol. agric.*, 21, 199-210.

PARFAIT A., SABIN G., 1975. Les fermentations traditionnelles des mélasses et de jus de canne aux Antilles françaises. *Ind. agric. aliment.*, 92, 27-34.

PARFAIT A., GANOU-PARFAIT B., 1978. La flore des milieux fermentaires de rhumerie. *Nouv. Agron. Antilles-Guyane*, 4, 267-273.

PATUREAU J.M., 1969. By-products of the Cane Sugar Industry. Elsevier publishing Co.

PICARD D., TORIBIO A., 1972. Travaux de laboratoire sur la détérioration de la canne à sucre après récolte effectuée pendant la campagne 1971-1972. Notes et informations du CTCS (72-6), 14-22.

PURSEGLOVE J.W., 1972. Tropical crops-Monocotyledons. 1, 215-221. Ed. Longman, Londres.

ROOT P., FELDMAN P., 1991. Les maladies de la canne à sucre en Guadeloupe : situation actuelle et méthodes de lutte en place. AFCAS. Rencontres internationales en langue française sur la canne à sucre, 90-94.

ROSEMAIN R., 1979. Aptitude rhumière des variétés de canne à sucre. Notes et informations. Centre technique de la canne et de sucre de la Guadeloupe. 1, 2-8.

ROSENFELD A.H., 1956. Sugarcane around the world. University of Chicago, III.

SHITO E., NYKÄNEN L., SUOMALAINEN H., 1962. Gas chromatography of the aroma compounds of alcoholic beverages. *Teknill. Kem. Aikak.*, 19, 753-762.

SANCHEZ C., 1994. Les levures sèches actives dans les industries des boissons fermentées. Actes du *Colloque sur les rhums traditionnels*, 110 – 117. ISBN n° 2-9506 860-2-8.

SUOMALAINEN H., NYKÄNEN L., 1966. The aroma components produced by yeast in nitrogen-free sugar solution. *J. Inst. Brew.*, 72, 469-474.

SUOMALAINEN H., KERANEN A.J.A., 1967. Valine, leucine and isoleucine as precursors of branched fatty acids in yeast. *Suom. Kermistil.*, 40, 239-254.

SUOMALAINEN H., NYKÄNEN L., 1970. Investigations on the aroma of alcoholic beverages. *Närings-middelindustrien*, 23, 15-30.

SUOMALAINEN H., 1975. Quelques aspects généraux de la composition des boissons alcooliques. *Ann. Technol. agric.*, 24, 3-4, 453-467.

ter HEIDE R., SCHAP H., WOBBEN M.J., VALOIS P.J., TIMMER R., 1981. in : *The quality of food and beverages*. 1. *Chemistry and technology*, 183-200. Acad. Press.

TREILLON R., GUERIN J., 1986. La guerre des sucres. Culture technique C.R.C.T., 16, 224-235.

UNGER E.D., COFFEY T.R., 1975. Production of light-bodied rum by an extractive distillation process. *Ann. Technol. agric.*, 3-4, 469-495.

VAN DILLEWIJN C., 1960. Botanique de la canne à sucre. Ed. Veenam H., Zonen N.V. Hollande.

VIDAL F., PARFAIT A., 1994 (a). Introduction d'une levure à aptitude rhumière en fermentation de dérivés de la canne à sucre. *Bios*, 249, 21 – 26.

VIDAL F., PARFAIT A., 1994 (b). Contribution à la caractérisation d'une levure rhumière : la souche INRA 493. Actes du *Colloque sur les rhums traditionnels*, 143 – 157. ISBN n° 2 9506 860-2-8

Glossaire

Aérobiose : mode de vie des micro-organismes, nécessitant la présence d'oxygène.

Agent : micro-organisme qui est à l'origine d'une réaction, d'une transformation.

Anaérobiose : mode de vie de micro-organismes à l'abri de l'air.

Aseptique : état d'un milieu dépourvu de microbes.

Bioconversion : transformation d'une substance par des micro-organismes ou des enzymes.

Catabolisme : ensemble des réactions biochimiques tendant à la déstructuration des substances biologiques.

Contaminant : micro-organismes présents dans un milieu sans être les agents principaux de la transformation s'y déroulant.

Culture : production ou test d'activité de cellules microbiennes, dans ou sur des milieux liquide ou solide.

Cuve-mère : cuve, généralement pourvue d'un dispositif d'aération du milieu qui y est contenu, dans laquelle se fait la multiplication du levain.

Degré alcoolique : titre alcoométrique. Contenu en alcool d'un liquide alcoolique, généralement exprimé en pourcentage volumique d'éthanol du liquide : un litre de rhum ayant 45 degrés d'alcool contient 0,45 litre d'alcool ; la mesure se faisant à la température de référence de 20ºC.

Densité : rapport du poids d'un volume d'un corps au poids du même volume d'eau.

Densimètre : instrument de mesure de la densité des liquides, fondé sur le principe d'Archimède.

Distillation : opération se faisant soit dans des alambics, soit dans des colonnes à distillation continue, ayant pour but la séparation et la concentration des composés les plus volatils et aromatiques des moûts fermentés.

Eau-de-vie : alcool consommable obtenu par distillation.

Effluent : eau usée issue d'une activité industrielle.

Enzyme : substance organique de nature protéique, d'origine animale, végétale ou microbienne qui provoque ou accélère une transformation biochimique.

Ferment : agent microbien ou enzyme produisant la fermentation d'un substrat. Voir levain ou starter.

Fermentation : transformation par la voie biochimique faisant intervenir des micro-organismes comme agent.

Fermenteur : contenant dans lequel est effectuée une fermentation. Réacteur est un synonyme.

Fructose : sucre fermentescible, abondant dans les fruits ; il est parfois appelé lévulose.

Germe : une souche d'un micro-organisme.

Glucose : sucre fermentescible, abondant dans la nature, il joue un rôle fondamental dans le métabolisme des êtres vivants ; il est parfois appelé dextrose.

Inoculum : levain ou starter qui permet l'introduction d'un ou des germes dans un milieu.

Lactofermentation : fermentation bactérienne, acidifiante, se caractérisant par la formation d'acide lactique, aussi bien à partir de l'amidon des céréales que du saccharose, du fructose et du glucose des fruits et des légumes ou encore du lactose du lait.

Levain : c'est la fraction liquide ou solide, aussi appelé ferment ou starter, qui est apportée dans un milieu, un moût, afin d'y introduire le ou les agents permettant d'effectuer la fermentation désirée. Les levains de levure ou de bactérie sont disponibles sous différentes formes : liquide (crème), crème congelée, lyophilisée, séchée...

L.S.A. : Levure Sèche Active. Levure vivante séchée pour faciliter son transport et sa conservation, utilisée pour ensemencer des milieux de fermentation en boulangerie, distillerie, brasserie, œnologie...

Mélasse : résidu incristallisable, visqueux, issu de la fabrication du sucre.

Méthanisation : fermentation bactérienne au cours de laquelle la matière organique de substrats liquide ou solide est dégradée en donnant du biogaz du méthane.

Micron : unité de longueur équivalent au millième de millimètre, dont le symbole est μ.

Micro-organismes : êtres vivants microscopiques (virus, bactéries, levures, moisissures, certaines algues).

Milieu : matière, substance au sein de laquelle se déroulent des processus microbiens et biochimiques.

Moisissure : micro-organisme ; champignon filamenteux de longueur indéterminée et de 4 à 20 μ de diamètre.

Moût : liquide sucré, issu d'une matière première végétale ou composé par exemple en vue d'une fermentation.

Organoleptique : caractéristiques ou propriétés perceptibles par les sens ou le jugement qui déterminent l'acceptation ou le refus d'un aliment, d'une substance.

Panification : transformation des matières farineuses en pain.

Pasteurisation : traitement par la chaleur, pendant un temps donné et à une température inférieure à 100 °C, permettant de détruire, pour partie, les microbes les plus sensibles à la chaleur, principalement les pathogènes.

Pathogène : qui provoque des maladies.

pH : coefficient qui exprime l'acidité (inférieur à 7) ou la neutralité (égale à 7) ou la basicité (supérieur à 7) d'une substance.

Protocole : ensemble des règles et des conditions suivant lesquelles une opération, une fermentation doit s'effectuer.

Rectification : opération qui consiste à distiller une seconde fois des substances en jouant sur leur différence de volatilité ; elle permet un enrichissement du distillat en composés les plus volatils.

Rhum : c'est une eau-de-vie, produit de la distillation des moûts fermentés à base de matières sucrées dérivées, exclusivement, de la canne (jus, mélasse, sirop).

Saccharose : sucre principal des plantes saccharifères (canne à sucre, betterave), obtenu en sucrerie sous forme cristallisée.

Souche : un micro-organisme, d'une espèce donnée. Les micro-organismes d'une même espèce sont des souches entre lesquelles il peut y avoir des niveaux différents d'expression de certains caractères.

Starter : voir levain.

Stérilisation : traitement, généralement par la chaleur, permettant la destruction totale des micro-organismes d'un milieu ou d'un matériel.

Substrat : substance de base pour une transformation microbienne.

Symbiose : association de plusieurs organismes, de différentes espèces, qui leur permet de vivre avec des avantages pour chacun, au sein de l'association.

Vesou : appellation créole du jus de canne.

Vinasse : liquide résiduel, polluant, issu de la distillation des moûts fermentés ; sa fermentation par voie méthanique permet de la dépolluer partiellement et en même temps de produire du biogaz.

Dépôt légal : juillet 1997

9 782738 007285